可持续的幸福

[美] 莎拉·范·吉尔德 等 编著

王漪虹 译

华夏出版社
HUAXIA PUBLISHING HOUSE

谨以此书献给我们的朋友
民谣传奇彼得·希格（1919–2014）
民权偶像文森特·哈丁（1931–2014）
是他们穷毕生之力
使我们每个人都能够幸福

美国｜黄石国家公园

土耳其伊斯坦布尔 | 塔克西姆广场

序：

萨拉·范·吉尔德

也许你并不觉得意外，但读者告诉我们，他们十分钟爱 YES! 杂志及 YES! 网站上有关幸福的话题，他们将这类文章不断转载。《可持续的幸福》精选了我们（也是读者们）最爱的文章。

本书是对幸福本质的思考。事实证明：共享能使可持续的幸福效果翻倍；当个人、家庭、社会以及自然世界都能兴旺发展时，可持续幸福的花朵就会盛放。

你是不是还在想方设法丰富人生、深化幸福？本书将教授给你有理有据的方法。你是不是也想建立和谐的睦邻关系？本书里有最好的观点与最实用的招数。那你想不想知道，在我们的社会里，自然福祉与人类福祉，哪个在前哪个在后？本书含有大量的组织与活动资讯。

数年来，YES! 杂志刊登了许多有关幸福的感人故事。1996 年，我们的第一期刊物出版问世，该期杂志以摒弃过度消费而实现自由为主题。许多家庭深陷过度消费的窘境，而这同时也导致了社会的不平等，以及地球生态环境超负荷。正因如此，我们一直在刊登有关美好人生、新经济、持久两性关系、新睦邻关系、新型工作、快乐家庭以及可持续的幸福的话题。我们最受欢迎的文章是《科学证实的幸福十法则》(详见第 2 章)。

当我们在 YES! 杂志及网站档案库中挑选本书所需的文章时，我们几乎要被可选的文章淹没了。甚至就在截稿前几天，我们还在纠结到底要舍弃掉哪篇文章才好。欲查看更多相关文章，请访问以下网址：www.yesmagazine.org/happinessbook。

而我们之所以能有这么多备选文章，全都归功于那些为 YES! 供稿的作者们(详见本书最后的供稿人)。当然，我们优秀的编辑团队也必不可少，是我们的编辑发掘并培养了这些杰出的作者，并和作者们携手打造了这许多有影响力的作品。他们包括翠西·勒费尔霍尔茨·邓恩、克里斯塔·希尔斯托姆、布鲁克•贾维斯、麦德林·奥斯特兰德、道格·皮博、瓦莱丽·施洛瑞德以及詹姆士·特里马科。

在前任资深编辑麦德林·奥斯特兰德的协助下，YES! 网站编辑克里斯塔·希尔斯托姆承担了本书各章节的编辑工作。YES! 创意总监翠西·勒费尔霍尔茨·邓恩最先提出了本书的雏形，并与贝雷特·科勒出版社的设计团队一起完成了本书封面及内文插图。YES! 媒体宣传经理苏姗·格里森负责本项目的管理工作，实习生吉米·麦高盖恩及丹娜·邓格麦德从旁协助。实习生利兹·普莱增特、茉莉·腊斯克和劳拉·加西亚对书稿进行了校对。印制编辑瓦莱丽·施洛瑞德和道格·皮博完成了引文的版权清理工作。读者开发总监罗德·阿拉卡其以及 YES! 执行总监弗兰·科滕一路鼓励我们。新责任编辑迪安·佩顿及时接手了杂志社的大部分工作，为我腾出

了足够的时间编辑本书，并完成本书简介部分的撰写工作。

作为一家非盈利性杂志社，YES!杂志能够发扬壮大，全赖我们卓越的员工团队。除了前面提到的团队成员外，YES!杂志社的员工包括：克劳西亚·寇帕斯、冯静、德里克·星子、迈尔斯·约翰逊、宝拉·墨菲、吕贝卡·纳米迪、伊冯·里韦拉、奥德丽·沃特森和迈克尔·温特。在这里，我们还要向董事会以及5000余位捐赠者致以诚挚的谢意，是他们成就了这本书。同时，这也是我们与"盈利性的"贝雷特·科勒出版社的二度合作，衷心感谢他们的专业与诚信。特别感谢贝雷特·科勒出版社社长兼出版商史蒂芬·皮埃尔塞提自项目伊始给予我们的指导与编辑反馈；编辑部主任吉恩·西瓦苏布拉马尼亚姆敦促我们按进度推进项目；还要感谢所有和我们一起为本书顺利出版做出努力的人们，谢谢大家。

我们还想感谢本领域的领军机构代表为我们提供建议与意见，其中包括平民运动策略中心、健康心灵调研中心、服务空间，以及加利福尼亚大学伯克利分校的至善科研中心；还要感谢幸福同盟联合创始人约翰·德·杰拉夫、社会与情绪学习领域的领袖人物史蒂夫·阿诺德。感谢你们激励我们不断前行，感谢你们为YES!杂志及本书所做出的贡献。

YES!杂志社联合创始人兼总编辑

萨拉·范·吉尔德

2014年6月于华盛顿

目 录：
contents

简 介 | 我们怎样遗失了真正的幸福？又该去哪里找回它？

莎拉·范·吉尔德 / 001

第一部分 | 我们对真正的幸福了解多少？

简 介 / 021

第 1 章　简生活运动史

罗曼·卡纳里克 / 024

第 2 章　科学证实的幸福十法则

杰恩·安琪儿 / 030

第 3 章　谁花钱买便宜货？

安妮·里奥纳德 / 034

第 4 章　为什么在公平的社会里每个人都更幸福？

布鲁克·贾维斯、理查德·威尔金森访谈 / 041

第 5 章　合作与分享是我们的天性

安妮·里奥纳德 / 046

目录：
contents

第 6 章 为什么打招呼那么重要？

安卡亚·温德伍德 / 049

第二部分 | 幸福实践篇——如何获得幸福

简　介　　　　　　　　　　　　　　　　　　　/ 053

第 7 章 这是你的人生——要用心对待

马修·李卡德 / 056

第 8 章 放松一下：过一个科技安息日

艾丽卡·寇思娜 / 062

第 9 章 戒瘾，重拾亲密关系

丹·马赫 / 065

第 10 章 抛开烦恼，找一份你热爱的工作

罗曼·卡纳里克 / 069

第 11 章 听从你内心的召唤（哪怕它令你心生畏惧）

尚侬·哈耶斯 / 074

第 12 章 与爱的人共享美食

凯瑟琳·古斯塔夫森 / 078

目 录：
contents

第 13 章　选择感恩
　　　　　　　　　　　杰里米·亚当·史密斯　/　083

第三部分 | 可持续幸福与充满爱的社区

简　介　　　　　　　　　　　　　　　　　　　/　091

第 14 章　天赋的故事
　　　　　　　　　　　帕娜妮·博格斯　/　093

第 15 章　治愈，而非惩罚
　　　　　　　　　　　法尼雅·戴维斯　/　096

第 16 章　隐藏在你身边的宝藏
　　　　　　　　　　　约翰·麦肯奈特　彼得·布洛克　/　101

第 17 章　如何设计令你幸福的街区
　　　　　　　　　　　杰伊·沃贾斯博　/　107

结识邻里的五种方法
　　　　　　　　　　　萝丝·查平　/　109

第 18 章　爱心接力餐厅的感恩课
　　　　　　　　　　　帕维特拉·梅赫达　/　111

目录：
contents

第 19 章　大森林教会我幸福的全部

范达娜·席瓦　/　*114*

野雁

温德尔·贝瑞　/　*119*

结　语 | 可持续的幸福能改变世界的十种方法　　　/　*121*
注　释　　　　　　　　　　　　　　　　　　　　/　*128*
供稿人　　　　　　　　　　　　　　　　　　　　/　*139*
书　评　　　　　　　　　　　　　　　　　　　　/　*145*

我们怎样遗失了真正的幸福?
又该去哪里找回它?

莎拉·范·吉尔德

比利时 | 布鲁日

简介 我们怎样遗失了真正的幸福？又该去哪里找回它？

在过去的一个世纪里，幸福令我们困惑不已。这并不是件小事。我们从事什么工作？我们愿意舍弃什么？我们如何支配金钱与时间？这一切都源于我们如何定义幸福。

对幸福的困惑绝不是凭空出现的。广告商们砸下数十亿美元营造幸福的幻象：你拥有的东西越多，生活就会越幸福。而所有政治阵营的政策专家团也都在大肆宣扬经济增长能够带来幸福，有商业利益的政党尤甚。这些都只是伪造的希冀，甚至会损毁可持续幸福的前提。

可持续的幸福是建立在健康的自然环境和活跃且平等的社会环境中的。这种幸福历久弥新，经得住顺境与逆境的考验，因为它的出发点是人类的根本需求与愿景。它没有速成法，也不能通过牺牲他人的幸福来实现。

好消息是，可持续的幸福不必以我们赖以生存的地球作为代价就可以实现，而且每个人都能够拥有它。当每个人都能得到最基本的物质保障时，更多物品并不是获得幸福的关键。

实际上，我们无须用尽地球资源，疯狂地生产那些貌似能够使我们快乐的物品。我们也不需要工人们在血汗工厂里制造廉价商品去满足人们无尽的占有欲……

研究显示，可持续的幸福源自其他一些事物。我们需要有爱的关系、蓬勃兴旺的大自然与人类社群、有意义的工作机会，以及一些简单的习惯，例如感恩。可持续幸福的定义就是这么简单，所以我们真的能够完全拥有它。

美式幸福简史

在美国,消费并非一路至上。直到 20 世纪 20 年代,消费文化才真正崛起。那时,商业巨头们忧心忡忡,他们担心美国人民已经满足了,人们已经有了他们想要的一切消费品。[1] 企业高管和重商政客们认为,一旦人们不再努力工作,不再购买更多的商品,而是选择花时间和精力享受人生,那么经济发展必将大大衰退。

于是有了弗洛伊德主义心理学家投身广告传媒行业,他们不断撩动人们的欲念,他们将人类对地位、爱情、自尊的需求与新"消费主义信条"系到了一起。[2]

就在 1929 年经济大萧条前不久,赫伯特·胡佛总统在经济报告中称:"欲望几乎是无止境的。一个欲望得以满足,接踵而至的就是下一个欲望。我们面前是广阔的天地;新的欲望越快被满足,更新的欲望就来得更快……藉由广告营销和其他促销手段,依靠科学事实调查证明,靠精心创造的消费能拉动生产……这样我们就能够继续开展更多的活动。"[3]

现代广告业全面重塑了幸福的定义。弗洛伊德学派心理学家欧内斯特·迪希特正是众多投身广告事业的心理学者之一。他表示:"在一定程度上,人类的需求与欲望需要不断地被刺激。"[4]

他们的战术成功了。今时今日,一部 iPad、一场旅行或是一

双最新款的 Sneakers 球鞋已经成了人们受尊崇的前提。某品牌啤酒成了友情的同义词。大房子表明人的地位、收入水平和养家能力。当然，这一切都被是广告商制造出来的，当我们买下很多我们原本不需要的东西时，广告商们却为他们的客户创造了更多的利润。

可是，我们却得为购买所有这些东西承担实实在在的后果。如今，人均住房面积比四十年前翻了一番[5]，但是额外的房间和奢华的装修带来的债务负担会持续数十年。一些人沉迷于各种潮品，为之付出大把大把的钞票，可惜尝鲜的美好稍纵即逝。然后呢？要做越来越多的工作来偿还债务，而和家人朋友共度的时光却越来越少。

超常的工作时间使人疲惫不堪，人们开始思考真正的幸福到底怎么了。广告商给出了答案：你只需再多花些钱做做整容，买点儿抗抑郁的药，或者买辆新车就好。在美国，儿童平均每天要在电视里看 50 ~ 70 个广告[6]；成人平均每天要看 60 分钟的广告及推销短片。[7]

对于那些贫苦的工人、靠着有限的收入勉强糊口的人们，还有那些失业者而言，广告宣传中能带给人幸福的东西大都遥不可及。虚假的承诺成了残酷的笑话。对于所有收入水平的人而言，特别是穷人，广告无时无刻都在提醒他们，他们拥有的比其他人要少，而只有拥有更多才有美好人生。

"在一种文化中，讲故事的人确实能够操控人们的行为，"传媒学家乔治·格伯纳称,"以前讲故事的是父母、学校、教会和社区……如今是一些跨国集团在讲,所谓讲故事就是兜售大批大批的商品。"[8]

广告商将幸福快乐附着于各式各样的商品之上,从而构建起消费主义意识形态。

购买廉价商品

那些制造和销售产品的工人们也是消费大军中的一分子。当人没什么钱,却又被告知拥有更多东西才能幸福时,廉价商品就成了他们的首选。超级大卖场之所以能大幅减价,是因为员工们拿到的是最低工资,然而本地商铺也因此纷纷被挤垮。

工人们不愿竞相降低工资。但当其他地方的工资水平和安全标准更低时,又或是工人们开始组建工会时,老板们就会被把工厂迁走。

为了生产我们的商品,生态环境已不堪重负,地球上的其他物种也跟着受苦。《科学》杂志刊登的最新研究表明,人类活动导致物种灭绝的数量是自然淘汰数量的 1000 倍。[9] 北极海生哺乳动物体内检测出存有工业化学物质;当然,我们的体内也有。巨大的塑料垃圾袋在太平洋中漂浮,食物链上下游的野生生物正在饱受毒害。然而,最大的问题还要数化石燃料的大量燃烧、森林的砍伐和森林大火。碳排放至大气中,使海水酸化,也让全球气候变暖。气候的变化正威胁着我们的海岸线、食物链和饮用水水源。野火、暴

雨等自然灾害也在随之加剧。

增长不再带来幸福

更多消费本应带给人们更多快乐，而经济增长也该为整个社会带来福祉。

战后被视为经济发展的黄金期，特别是 20 世纪六七十年代，很多人脱离了贫困线，那时的贫富差距远比今天要小得多。衡量经济增长的国内生产总值（GDP）稳步攀升。

但是，GDP 并不那么可信，它单纯地衡量经济活动，却忽略了对这些活动所带来的影响的考量。开采露天矿井，然后销售金属、矿石或是煤炭，即便这样做会污染大量的饮用水资源，但仍然能使 GDP 增长。然而，那些用自种果蔬招待亲朋好友（甚至是流浪汉）的人，他们健康且快乐着，尽管对 GDP 毫无建树。

另一方面，真实发展指数（Genuine Progress Indicator, GPI）则是对幸福的全面评估，它扣除了损益项，如犯罪、疾病、农田流失、水质下降，还加入了 DGP 未计算在内的增益项，比如没有报酬的家务和社区志愿服务。

1979 年以前，美国的 GDP 和 GPI 几乎是齐头并进的。然而 1979 年之后，却发生了一些变化，GDP 继续攀升，而 GPI 却开始倒退。越来越多的时间和资源用于拉动经济增长，但却不再有幸福产出，那些徘徊在贫困线上的人们尤甚。

为什么经济规模持续上涨，幸福却止步不前了呢？

艾达·库比谢夫斯基及其同僚在《环境经济学评论》上发表文章称，罪魁祸首是"收入差距扩大速度及社会环境成本上涨速度大于消费带来的福利增速"。[10]

换句话说，我们耗费了时间、金钱和自然资源，却没有换来等值的幸福，利润大都流进了富人们的口袋。

是什么变了？在众多因素中，自由贸易协定和重商政府使得跨国公司有了施行生产外包的可能，它们将生产迁至工资最低的区域，在那里，保护工人及环境安全的法律法规最少。这样做能有效地控制价格，也使得跨国公司能够轻易地在本国甚至境外剥削压榨工人。在美国，有贫困工资和农场工人受虐问题；在孟加拉，有多起工厂大火和拉纳大厦倒塌事故；在刚果，有血钻……这些不过是冰山一角，但却能充分说明那些为我们生产商品的人们付出了多么沉重的代价。

战后，随着计算机和机器人技术的广泛应用，生产力节节攀升。如今，一个工时可以生产出更多产品。生产力提高所带来的收益本可以通过提高工资的方式分享给工人，或是经由税收资助高等教育、基础设施升级、高速运输系统、绿色经济转型等任何一种能增加可持续幸福的事业。但是，企业却利用生产力的进步裁减员工，并将利润用于给付董事高额津贴、并购其他公司、给本就富有的股东更多分红，以及资助政客竞选——从而争取更有利的法律法规、税收减免和幕后交易。即便是有组织的劳动者在争取增加收入的谈判中也没有了足够的影响力；自20世纪70年代以来，工资水

平陷入停滞,然而收入最高的那 1% 的人(尤其是收入排名前 0.1% 的那些)手中的金钱与资产却突飞猛涨。

生活质量下降

利润驱动型的经济体制正在侵蚀着我们的生活质量。

生活在这样一个收入止步不前而政府却不闻不问的年代,美国人民只得每天花更多的时间工作。收入底层的人们(尤其是单亲父母)经常要做两三份工作才能养家糊口,有些人甚至做着全职工作,却依旧过着贫困的生活。工作的时间越来越长(再加上通勤时间),谁还有时间幸福?

由企业主导的消费主义使不平等不断扩大,它侵害着人们的家庭生活,同时也不断地吞噬着我们的自然资源。山顶被炸平、森林变成露天矿场、农田变成液压钻场和购物中心。那些推崇经济无限增长的人们忽略了一个事实,那就是——地球是有限的!如今,我们面对的是含有化学物质的水资源、沙尘暴、酸化海洋、崩溃的蜂群、渐渐融化的两极冰雪、飓风和雷暴……俗话说得好:"妈妈不开心,儿女也遭殃。"地球妈妈现在就很不开心。

当然,很多人都在为这些问题担忧。可是普通百姓并没有能让执政官员关注的资源,毕竟参与竞选要募集数百万美元。两位知名学者在 2014 年秋季版的《政治观点》上发表的研究[1]表明,如今的美国已成为寡头政体。该研究还显示出普通民众对决策的影响力微乎其微。然而,经济精英及代表商业利益的集团却对政府决策有着"重大影响力"。

不平等就是这样侵蚀可持续的幸福的。所谓拥有更多可以带来幸福不过是骗人的谎话。同样,所谓经济增长的大潮能使得"水涨船高"也是谎言。

● 那么,现在我们又该去哪里找回可持续的幸福呢?●

如果经济增长和消费主义都不能带来可持续的幸福,那么我们又该怎么做呢?

可持续的幸福是一种更深层次的幸福,它不是片刻的欢愉,也不是一时的自信爆棚。相反,它历久弥新,包含了人际关系的建立和支撑我们度过顺境与逆境的方法,是我们最真实的愿望。(详见第二部分)。

可持续的幸福是建立在相互支持之上的,我们的幸福与周围人的幸福息息相关。当我们知道在困难时可以依赖他人,有个地方能供每个人歇脚,我们每个人都能做出有意义的贡献,并能因此得到认可时,我们就有了可持续幸福的基础。

可持续的幸福是建立在健康的生态环境之中的。它源自每一滴水、每一口空气和水里土里长出的每一样食物,正是地球上鲜活的生态系统成就了这一切。可持续的幸福是自然世界的幸福,即便它不能给予我们直接的利益回报。

好消息是可持续的幸福与健康的环境、平等的世界以及我们的

满足感都没有冲突。而且它富有感染力,能为一个人带来福祉的事物也能为其他人,甚至是所有人,带来益处。

可持续的幸福完全可以实现——但这要看我们每个人以及整个社会的选择。我们可以从这里开始:(1)停止伤害、治愈伤痛;(2)构建经济和社会的平等;(3)重视每个人的天赋;(4)保护自然世界的整体性;(5)用行动撑起我们的幸福。

简介 我们怎样遗失了真正的幸福?又该去哪里找回它?

1. 停止伤害

正如"医学之父"、古希腊医师希波克拉底誓言(医生誓词)所说的那样,我们首先要做的就是不要造成伤害。

人生难免会有这样或那样的伤与痛:因关系破裂而难过、因丧失亲人而痛苦、因工作失败而受挫。但有了朋友和家人的支持,我们抚平伤痛,继续生活。

但是,有一些伤害却是终身难愈的,甚至还会传给后代。然而,这些伤害大都可以避免。

退伍军人更容易罹患创伤后应激障碍(PTSD)。据(美国)退伍军人事务部称,30%经历过阿富汗战争或伊拉克战争的退伍军人都患有PTSD。[12]而这些老兵的子女也很有可能经历焦虑或抑郁问题。[13]

性暴力是造成很多人精神受创伤的另一大原因。大约五分之一的女性在一生当中曾有过被强暴的经历,其中每三个被强奸者就会有一个患上PTSD。即便是强奸未遂,受害者重度抑郁症的患病率也是一般人的三倍。[14]

据美国卫生与人类服务部称，在美国，每年有近 70 万的儿童遭到身体伤害或性虐待。[15] 因为贫穷，儿童承受着不同程度的痛苦，并导致长期创伤。莫妮卡·威廉姆斯（Monica Williams）博士在《今日心理学》上发表文章时做了下述引证：由于种族排斥和经济紊乱等错综复杂的原因也会造成伤害，那些遭受过种族歧视暴力袭击的人们更易罹患 PTSD。[16]

为了营造一个更加幸福的世界，最重要的就是要终结伤痛的根源，停止战争、虐待和歧视，并且帮助受害者们治愈伤痛。

2. 创造平等

压力并不一定都会危害健康。事实上，短期压力能够增强记忆力和大脑功能，[17] 但是长期压力却会增加心血管疾病的发病率及死亡率，而当压力的可控感较低时尤其。20 世纪著名的白厅研究对英国公务员死因与疾病进行了调研，结果显示公务员中最低阶层的人群死亡率比最高阶层几乎高出三倍。[18] 此外，不平等带来的伤害会蔓延至工作场所以外。流行病学专家理查德·威尔金森表示，不平等社会的精神疾病患病率、自杀率和少女早孕率高于平等社会数倍（详见第 4 章）。

因此，如果我们想要活得更加健康、更加开心，我们就需要一个更公平的社会——这不仅是经济上的平等，我们更要有决定我们自己的生活的权利。

3. 重视每个人的天赋

也许这与我们的直觉相悖，但可持续的幸福来自我们给予的，而不是我们索取的或者我们拥有的。那些能发觉自身天赋并将天赋服务他人的人往往是最快乐的（详见第 14 章）。

加利福尼亚大学伯克利分校哈斯商学院的卡梅伦·安德森（Cameron Anderson）教授在《心理科学》上发表的研究显示，赢得同伴的尊重与赞誉比物质上的丰裕更重要。"你无须富有也能感到快乐，只要你能为团队做出有价值的贡献就行。"安德森表示，"对人慷慨且愿意牺牲小我的人，在团队中有更高的地位。"[19]

同样，YES! 杂志上登载的斯泰西·肯内利（Stacey Kennelly）的研究表明，我们并不需要高收入或是更多的财富，当我们受到伙伴尊重时幸福感就能上升。[20]

根据提姆·凯赛尔（Tim Kasser）教授的研究，参与政治活动的在校生更快乐。他在 YES! 杂志上发表的题为《创造改变能使你幸福》的文章中指出："参与政治活动使人感觉更加快乐，体验到更多自由，并获得更大的人生满足感。"[21]

4. 保护大自然

自然世界不仅能带给我们幸福，而且赋予生命的可能。保护自然界的完整有助于实现可持续的幸福。

融入自然更能提升我们的幸福感，这对孩子更为重要。艾米·诺沃特尼（Amy Novotney）在《心理观察》上发表文章表示，融入大自然能够减少压力、促进健康、增加创造力，并提升注意力。[22]

人类的命运与其赖以为生的地球的命运息息相关（详见第19章）。我们为保护地球生态环境所做的努力将换来清洁的水源、健康的食物、稳定的气候，更给子孙后代留下可持续幸福的机会。

5. 用行动撑起我们的幸福

一个能保护自然世界的平等社会，减少战乱、歧视与虐待，鼓励人们展示自己独特的天赋，所有这些都为可持续的幸福奠定了基石。我们无须静待世界做出改变，有些事是我们可以在家就做的，而这些事有助于我们的可持续的幸福。

我们可以做运动，运动可比处方药要好得多。根据美国运动医学会研究，静止不动的人生就如同吸烟者的健康一般。[23] 有规律且适度的运动不仅可以减低心血管疾病、糖尿病和脑中风发病率，还能发挥抗抑郁处方药有效控制沮丧情绪的功效，使人更加快乐。[24] 此外，运动更廉价，没有不良副作用。

我们还可以练习感恩（详见第13章），并学着认真对待自己的人生（详见第7章）。

最幸福的人中有一部分是经历过重大疾病或是严峻人生考验的人，他们认识到，在有限的人生中抉择有多么的重要。当面对人生的终点站时，选择如何过好余下的日子显得弥足珍贵。

维克多·E. 弗兰克尔曾写道："人身上有一样东西是任谁也夺不走的，那就是人类最终的自由——无论外界环境如何，人都可以决定自己的态度，选择自己的方式。"[25]

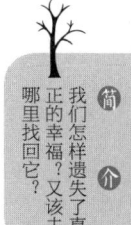

重启幸福

无限的增长与无尽的消费渐渐失去了诱惑力，很多人开始寻找更好的方法来实现幸福，在全球范围内又掀起了新一轮的风尚。

Buen Vivir（美好生活）

南美原住民区传来了 Buen Vivir 的理念。这一理念注重社会发展与自然世界的兼容性，幸福不仅仅来自于个体的快乐。[26] 经济之所以存在，是为了服务人类，而不是要人类为之服务。我们的存在，是为了和家人一起好好生活，尊重我们的邻里及身边的生态环境，我们也将因此获得幸福。

无论是自由党还是保守党，都推崇以经济增长为目标的社会守则，"美好生活"无疑是一场生活理念的颠覆。它是一种满足感，它承认所有物种的权利，它不再将人力劳动与自然资源视作经济的原料。"美好生活"是一种管理道德，它重视子孙后代利益，培养我们对所拥有的报以感恩之心。

"美好生活"的理念已经被纳入玻利维亚和厄瓜多尔的宪法。

这一理念激发了一系列应对气候危机的方式方法,特别是在拉美国家间,它已成为了国际对话的基础。

不丹的国民幸福总值

1972年,年轻的吉格美·辛格·旺楚克继任不丹第四任国王后不久,他就表示自己更看重国民幸福总值,而不是国民生产总值。为了能使幸福作为制定政策的准绳,亚洲的这个山地小国,展开了一场有关不丹文化与价值观的研究与评估调查。不丹的国民幸福总值包括幸福的心理、康健的身体、良好的教育、平衡的时间、多样的文化、善治的政府、活跃的社交、良好的生态环境和生活标准。[27]

注重人民福祉的不丹坚持走在自己的道路上,而不屈从于全球经济利益。举个例子,当议定得出加入世界贸易组织将损害幸福与快乐的结论时,不丹做出了不入世的决定。

斯坦福历史学教授马克·曼考尔(Mark Mancall)表示:"一旦加入世贸组织,不丹将交出定义并实现本国人民幸福的权利……换言之,加入世贸组织就等于向市场经济投降。"[28]

幸福而非增长的不丹理念,应该成为衡量进步的准绳,并得以推广。2011年7月,联合国大会通过了一条不丹提议,呼吁其他国家将快乐与幸福纳入国家发展指数。[29]

美国的快乐运动

美国马里兰州和佛蒙特州都在使用真实发展指数衡量幸福。福利增项包括义工服务、家务劳动、学术成就、高速公路产生的价值；而福利减项包括犯罪活动、不可再生能源的消耗。通过计算这些及其他因素，勾勒出真实幸福的全貌。

"如果我们能够在全面考虑健康、社交、文化艺术和环境的基础上治理我们的国家，一切将大不相同。"幸福同盟的联合创始人约翰·德·杰拉夫（John deGraaf）告诉我，"我们早晚会明白，在平等的社会中能获得更多成功。因为在平等的社会中，时间分配也更平衡，人们分担工作，工作时间也就更短，社会安全网络更加健全。人们因此更有安全感，对政府更有信心，对他人更加信任。"

也许，幸福对个体而言像是徒劳，尤其是当政府和联合国追求幸福时尤甚。然而，托马斯·杰弗逊深受古希腊哲学 eudaimonia（意指幸福，这种幸福不是顷刻的欢愉，而是人类的核心，即人类的尊严）的影响，在他的坚持之下，"追寻幸福"与生命和自由一起被写入了《独立宣言》。

由此可见，可持续的幸福绝非毫无价值。地球并没有足够的资源供我们所有人过消费主义的日子。但我们完全可以明智地选择另一种生活方式，那样我们大家都可以活得有尊严。

经济上较为富足的人们若想获得幸福，可以避免过度消费、清理、练习感恩、与爱人共度美好时光、保护自然环境。而对那些不足以养家糊口的人来说，获得更多资源能够增强幸福感。

作为一个整体，我们能得到更多。在更为平等的社会里，我们彼此信赖，携手解决这个时代设下的难题。这意味着犯罪、疾病、腐败和浪费都将减少。我们要善用地球资源。正如圣雄甘地所说："地球能够满足人类的需要，但却满足不了人类的贪婪。"

注重幸福而不计较经济增长的生活方式使人们有更多的时间陪伴家人，从多个维度上提升我们的生活质量，给我们带来真正的快乐。

除此之外，气候变化与经济紊乱给这个时代带来了巨大挑战。然而，这一挑战也是种机遇。当我们面对困境时，我们应该相互扶持、共度难关。这样，我们也许能够实现一个更加平等的社会。在这样的社会里，我们更加懂得珍惜我们所拥有的，更有能力发掘幸福的来源，而这些幸福并不要地球付出代价，却又能使人类自由且富足。

第一部分

我们对真正的幸福了解多少?

肯尼亚 | 赤道分界线近旁

简　介

我们赤裸裸地来到这个世上，身无长物，唯有爱相依相伴。漫漫人生路，沿途我们拾起不同的价值观——地位、财产、经历和成就。但当走到生命的尽头时，很多人回首往昔，还是会把爱看作真正幸福的源泉。

哲学家和宗教领袖们时常告诫我们，不要被勃勃的野心冲昏了头脑。英国哲学家伯特兰·罗素说过："对占有欲的偏执，使人们无法自由自在、堂堂正正地生活。"[1]耶稣基督在《路加福音》16-13 中说："一仆不侍二主。你不能既做上帝的侍从，又做金钱的奴仆。"

我们为何一定要用物质填满我们的人生？我们又为何一定要追求经济的增长？其实二者十分相似：它们都是在遮盖幸福的配方，并在给人类和地球带来伤害。

在第 1 章中，作者罗曼·卡纳里克讲述了三段人类史：石器时代、古希腊社会和殖民时期的贵格会。在这三个社会阶段里，人们并不追求物质上的丰裕，过着简朴的生活。实际上，卡纳里克所讲述的简朴生活哲学几乎在人类的每个文明中都曾出现过。

难道这些理念都过时了么？还是说这些想法太过天真？今时今日，幸福从哪儿来？纸杯蛋糕烘焙师、社会正义活动家杰恩·安琪儿在第2章中介绍了有关"个人福祉"的研究。幸福其实很简单：把握每分每秒、乐于助人、珍视与亲友共度的时光。

尽管为我们制造商品的工人们时常付出惨重的代价，但广告商打造的幸福定义仍然在控制着我们的文化。许多从事高危体力工作的工人收入少得可怜，只能勉强养家糊口。美国绿色空间主管安妮·雷纳德在第3章中表示，当我们冲破消费者的身份时，我们可以回归公民身份。作为有识公民，我们要用个人力量为所有人争取追寻幸福的机会与权力。

这样一来，收入底层的人们也能受惠。流行病专家理查德·威尔金森在第4章中表示，平等的社会能让所有人（无论贫富）都过上更好的生活。在更为公平的社会里，信任度更高、犯罪率更低、人均寿命更长。这也不是什么新鲜事儿，科学历史学家埃里克·迈克尔·约翰逊在第5章中称，我们天生就懂得合作与分享。

在这个被分隔的社会，建立信任与团结需要我们有意识地努力。洛克伍德机构主管安卡亚·温德伍德在第6章中建议我们打破年龄、种族和性别的隔阂，一切从相互了解开始。

当我们的人生充满满足感时，当我们生活在人与自然共荣的环境中时，当我们的社会不再有贫困且高度平等时，我们就能节省出一部分爱和能量。当我们的家人、邻居、路人以及自然界的其他生

物都能过得很好时，他们的快乐也能带给我们快乐。快乐将进入良性循环。一个领域的可持续幸福推进了其他领域幸福的增长。爱能将一切关联，它不仅在生命的起点和终点，更是在指引我们这一生的选择。

第一部分 我们对真正的幸福了解多少？

第1章 简生活运动史

罗曼·卡纳里克

教皇弗朗西斯一世上任后,令人们十分震惊的是他谢绝了梵蒂冈城的豪宅和豪车,而选择住在一间小公寓里。同时,他也因乘坐公交车出行而闻名。

简朴生活并不是要抛弃奢侈品,而是要从其他地方发掘。

视简朴为美德的并不是这位来自阿根廷的大主教的专利。事实上,简朴生活正在经历当代复兴。一方面,经济持续低迷使得众多家庭不得不勒紧裤腰带;另一方面,工作时间不断延长、对工作不满创下新高,人们迫切需要一种低压力且时间更充裕的生活方式。[1]

与此同时,包括诺贝尔奖得主、心理学家丹尼尔·卡内曼在内的大量研究显示,我们的收入和消费增长了,而我们的幸福水平却未能同步提升。[2]购买昂贵的新衣或是名贵的跑车能使我们的快乐感在短期内飙升,但这并不能给大多数人带来长期的幸福感。毋庸置疑,人们获得个人满足的新方式里并没有逛商场或是网上购物。

很多人并不知道,简朴生活已有近三千年的历史,而且几乎在每种文明中，简朴生活都曾以人生哲学的形式出现。

当我们重新思考当下的生活时，我们能从这些历史上著名的简生活大师身上学到些什么呢？

异想天开的哲学家和激进的宗教徒

人类学家们已经注意到，在很多狩猎采集社会里自然而然会出现简朴生活。马歇尔·萨林斯在一项著名的研究中指出，澳大利亚北部原住民和博茨瓦纳昆人每天通常只劳作三到五个小时。[3] 萨林斯在其著作中写道："觅食不但不是无休止的辛劳，反而有间歇充裕的闲暇，他们每人每年白天睡觉的时间远远超过其他类型的社会。"萨林斯认为他们生活在"原初丰裕社会"。

西方文明中的简朴生活起源于古希腊，那大约是在耶稣基督降世前500年。苏格拉底认为金钱腐化我们的心智与道德，我们要的是适量的物质，而不是往头上浇香水或是找妓女做伴。当这位赤脚的圣人被问及他简朴的生活方式时，他回答说他喜欢逛集市，"看看这个世上竟然有那么多东西我并不需要"。哲学家第欧根尼是富有的银行家之子，他也有着类似的观点。他居住在一只木桶里，靠着救济过活。

我们不该忘记耶稣基督本人，他像佛祖释迦牟尼一样，不断告诫世人不要受"钱财的迷惑"。[4] 虔诚的基督徒们很快就认定了最快抵达天堂的方法就是效仿基督过简朴的生活。公元3世纪，圣安东尼放弃了万贯家财,进入埃及沙漠隐修数十载。

13 世纪时,圣弗朗西斯(又译"圣方济各")接起了简朴生活的接力棒。"赐我圣洁的贫穷吧。"他说道。不仅如此,他还要求他的跟随者们舍弃所有财产并以乞讨为生。

简朴主义登陆殖民时期的美洲

殖民统治早期,简朴生活在美洲大陆变得愈发激进。其中最具代表性的还要数贵格会(又称公谊会、教友派)。17 世纪,贵格会一众信徒在特拉华谷安顿下来。他们崇尚"朴素",这让他们在人群中十分显眼。深色的衣服没有口袋、没有扣袢,也没有花边和其他修饰。[5] 贵格会的教徒们是和平主义者,也是社会活动家,他们认为钱财是与上帝建立私密关系的阻碍。

不久,贵格会就遇到了一个难题。新大陆上物质日渐丰足,很多人都抵不住奢华生活的诱惑。例如,贵格会政治家威廉·佩恩的宅邸就有着正规的庭院和纯种良驹,他还有五名园丁、二十个奴隶和一位法国葡萄园经理。

18 世纪 40 年代,贵格会一众教徒掀起了一场回归灵性与道德本源的运动。这场运动的领袖出身于一个普通的农民家庭,他被一位历史学家誉为"美国简朴生活典范"。他叫什么?约翰·伍尔曼。

如今很多人都已经记不起伍尔曼是谁了,但在那时他却有着巨大的影响力。1743 年,伍尔曼靠着贩卖布料维持生计,没过多久他

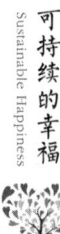

就遇到了一道难题：他的生意越做越大。但他感觉自己挣了别人太多的钱。

于是他做出了一个不符合商业规律的决定。他劝说客人们少买一些或是买些便宜的商品，从而减少他的获利。可这招儿并不管用。为了减少收入，他结束了手头的生意，转行做起了裁缝，并照料着一个苹果园。

同时，伍尔曼一直致力于废奴运动。每当他受到蓄奴家庭的款待时，他都会坚持直接给奴隶一些银币作为感谢。伍尔曼曾说过"好逸恶劳"是蓄奴的动机。没有他人的劳动，就制造不出奢侈品。

乌托邦生活的诞生

19世纪的美国盛行乌托邦简朴生活实践，这些实践大都以社会主义为根基。比如1825年创建的印第安纳州的新和谐社区，他的创始人罗伯特·欧文是一位威尔士社会改革家，英国互助合作运动的发起人。

19世纪40年代，自然主义者亨利·戴维·梭罗的简朴生活实践十分著名。他在瓦尔登湖畔自己盖了一栋小木屋，离群索居，自耕自种，过了两年的隐居生活（尽管他自己也承认，他会定期步行一两公里，到左近的康科德镇读读报纸、听听新闻，再带回些小点心）。[6]梭罗有句经典名言："一个人越是有许多事情能够放得下，他就越富有。"对他而言，富有就是能闲下来亲近自然，能有时间阅读和创作。

在大西洋的彼岸,简朴生活运动也在如火如荼地进行着。19世纪的巴黎,放荡不羁的画家兼作家亨利·穆杰宁要艺术的自由,而不要稳定的工作。他喝着廉价的咖啡,过着食不饱腹的日子。穆杰的自传小说正是普契尼歌剧《波西米亚人》(La Bohème)的灵感源泉。

21世纪奢侈的新定义

无论出于伦理的、宗教的、政治的还是艺术的原因,这些人的共同之处就是他们都将其他理想排在物欲之前。他们相信怀揣人生理想远比拥有金钱更能实现他们存在的价值。

伍尔曼的传记作者曾这样形容伍尔曼:"他生活简朴,并以行善为乐。"的确,对伍尔曼来说,奢侈并不是睡在松软的床垫上,而是能有时间和精力为改变社会而奋斗,比如为废除奴隶制而抗争。

简朴生活并不是要抛弃奢侈品,而是要从其他地方发掘。这些简朴生活的大师们并不仅仅是在告诉我们要花更少的钱,更是在启发我们拓宽视野,生活的满足感无须依靠金钱。试想着画一幅图,画上所有那些能令你的人生感到满足、有意义并感觉愉快的事情。这里面可能会包括友情、亲情、爱情、事业高峰、逛博物馆、参与政治活动、做手工、参加体育运动、当义工,以及观察他人。

这些事情大都不用花钱，或者只需要花一点点小钱。我们无须花光银行存款就能享受密友间的友谊、止不住的欢笑、对公益事业的奉献，或是独处的安宁。

幽默大师阿特·巴克沃特曾说过："人生中最美好的东西并不是有形的东西。"梭罗、伍尔曼以及其他简朴生活的先辈们教给我们最重要的一课就是，不断扩大自由且简单的生活在我们人生地图上的面积。这样，我们才能找到蕴藏在我们内心的财富。

第一部分　我们对真正的幸福了解多少？

第2章　科学证实的幸福十法则

杰恩·安琪儿

是什么使我们快乐？这个问题以前都是由哲学家来解答的，而近几年，心理学家和科研人员挖掘了大量强有力的数据支持。例如，埃德·迪纳和罗伯特·比斯沃斯－迪纳这对父子档、斯坦福大学心理学家索尼亚·柳波米尔斯基、伦理学家斯蒂芬·波斯特，许多学者在研究了世界各国人民的基础上，发现了一些能够影响人类幸福感的重要因素，比如金钱、态度、文化、记忆、健康、利他主义以及日常生活习惯。积极心理学这一新兴领域亦涌现出不少研究成果，这些研究表明，人的一言一行都能对他的幸福感和对生活的满意度产生重大影响。以下这十条幸福法则已经得到了科学研究的证实。

1. 品味美好的瞬间

现在就停下来，闻一闻玫瑰的花香、看一看孩子们嬉戏玩耍吧。心理学家索尼亚·柳波米尔斯基表示，对受试者的观察研究表明，花时间去"品味"那些往往会匆匆而过的平凡事物，又或是回味昔日愉快的生活片段，"能够显著提升幸福感，并减少抑郁情绪的出现"。[1]

2．避免攀比

柳波米尔斯基认为，尽管向邻居看齐、不甘居人后已经成了美国文化中不可或缺的一部分，然而拿自己与他人比较却有损人的幸福感与自尊心。不与他人攀比，注重自身成就，会产生更大的满足感。

3．莫把钱财看得太重

研究人员蒂姆·卡塞尔和理查德·瑞安认为，把钱财看得太重的人更易产生抑郁、焦虑或自卑的情绪。不论国家、不论民族、不论文化与意识，这一点放诸四海而皆准。"越追求财富，越感财富太少，"瑞安说，"物欲的满足感衰减得很快，转眼之间就会消失殆尽。"而金钱至上的人的生命力与自我实现测试的得分都很低。[2]

4．制定更有意义的目标

"为了有意义的事而努力奋斗的人——不论是为学习一门新技艺，还是为培养子女的道德品行——他们得到的幸福感远远超过那些没有理想与抱负的人，"埃德·迪纳和罗伯特·比斯沃斯-迪纳表示，"事实上，作为人类，我们需要一种会为某事物而奋斗的力量。"[3] 哈佛大学专门研究幸福心理学的塔尔·本-沙哈尔教授也赞同这一观点:"幸福感就在心情愉悦与有意义的交汇处,不论是在家里,还是在工作场所,对每个人来说,他所追求的就是参与的活动既有意义又能令他感到快乐。"[4]

5. 更主动地工作

工作上能获得多大的快乐,大部分取决于你有多主动。研究人员艾米·瑞斯纽斯基表示,当我们在工作中展示出创造力时、常常帮助他人时、提出改进工作的建议时、上班时常主动承担分外的工作时,我们会感觉自己的付出更有价值,对他人更具影响力。

6. 珍爱家庭,善交朋友

迪纳和比斯沃斯-迪纳指出,幸福的人大多有和睦的家庭与挚交好友,有坚实的人脉关系。但是对人的一生来说,总是与一些酒肉朋友为伴是不够的。"我们需要的不是简单的关系,而是真正亲密的那种",互相之间能够理解与关怀。[5]

7. 即使不开心,也要微笑

这听起来很容易,真能做到就会富有成效。迪纳和比斯沃斯-迪纳说过:"幸福的人……看到的是可能性、机会和成功。当他们展望未来时,他们是积极乐观的,当他们回首往事时,他们总是回顾经历中最美好的时光。"即使你并不是天生的乐天派,只要你经

常练习微笑，积极的人生观渐渐就会变成你的习惯。

8. 真诚地致谢

根据作者罗伯特·埃蒙斯的观点，为人处事能保持感恩之心的人更健康、更乐观，进步更快。[6] 积极心理学创始人马丁·塞利格曼的研究显示，真心感谢帮助自己成功的人获得的幸福感更高，抑郁心理更少——这种幸福感能持续数周。

9. 多出门、多运动

杜克大学的一项研究表明，体育锻炼和药物治疗抑郁症一样有效，而且没有副作用，也不需要花钱。另有研究表明，经常参加体育锻炼除了对健康有益以外，还能获得成就感，并能提供影响他人的机会，还能促使分泌更多令心情愉悦的荷尔蒙，提高自尊心。

10. 多做利他之善行

作一个利他主义者，把自己部分所有馈赠他人是有益的。研究人员斯蒂芬·波斯特说，帮助邻居，参加志愿者服务或者捐赠钱物，都能改善受助者的现状；而你在健康方面获益，比参加体育锻炼或者戒烟更大。聆听朋友倾诉、传授你的技艺、由衷赞美他人的成功、宽容他人都能增加幸福感。研究人员伊丽莎白·邓恩发现，当人把钱财花在他人身上时获得的幸福感远远高于为自己花钱时获得的幸福感。[7]

第3章 谁花钱买便宜货?

安妮·里奥纳德

我是个消费主义批判者,但我批判的并不是消费品。我承认,我柜橱里的T恤衫多得都快要装不下了(部分原因是我每次讲演都会得到一件体恤)。但是说实话,这些年来我积攒起来的T恤衫中,只有屈指可数的几件是我真心在意的。我的最爱(请别给我白眼)是一件带绿色数字的T恤,那是感恩死乐队1982年新年前夕音乐会上得来的。三十多年来,我家的好几位成员都穿过这件T恤,它既实用又漂亮。这不仅是因为我参加了那场音乐会,更因为它是一位挚友送我的礼物。而且这件体恤的布标上印着"美国制造",现在在这个国家里制造的东西已经很少了,越来越多的品牌选择在一些贫穷的国家请低收入的工人进行生产。

我们的东西不应该是拆开15分钟后抛之脑后的玩具,绝不该是一时兴起的物品或是一次性的产品。我们的东西应该既实用又有意义。英国哲人威廉·莫里斯说得好:"不要在你家里放一些你认为既没用又不美的东西。"

每年,全球生产、销售并弃置四百余万件T恤衫。从难以捉摸的可持续农业到贪婪的时装营销,一件纯棉 T 恤的生命周期里竟牵连着一大串棘手的问题。[1]

一件 T 恤衫的故事透析出我们与最简单的物品之间的复杂关联。同时也反映出消费者行动主义为什么要不断改善社会状况、坚决抵制或避免购买那些不符合个人长期与公平标准的产品。廉价 T 恤所造成的环境与社会影响就像是一张巨大的韦恩图,勾勒出地球上众多产业的关联与交集。这也使我们看清这些问题环环相扣,正所谓牵一发而动全身,任何问题都无法在孤立的情况下得到妥善解决。

第一部分 我们对真正的幸福了解多少?

是谁在缝制这些 T 恤?

我想起 1990 年的一天,那是在海地首府太子港的贫民窟,我见到了一些在血汗工厂里工作的女工。她们所在的工厂为迪士尼公司生产 T 恤等服装。她们十分紧张,不敢讲实话。为了不被别人看到我们在谈话,小瓦房的门窗紧闭,我们一群人就这样挤在一间狭小的破瓦房里,屋子里闷热难耐。这些女工们每周工作六天,每天工作八小时,缝制着她们永远也买不起的衣服。一部分运气好的女工能挣到最低工资,大约每周 15 美元。[2] 据这些女工描述,她们是在高强度与高压力下工作,时常就会遭到性骚扰,工作条件既苛刻又不安全。

她们也知道迪士尼公司的总裁迈克尔·艾斯纳挣了上百万美元。就在我访问后的几年,国家劳工委员会拍摄的纪录片《米老鼠去海地》中揭露艾斯纳 1996 年的工资是 870 万美元，外加 1.81 亿美元的职工股，他的收入竟高达每小时 10.1 万美元。而海地的工人每缝制一件衣服，能得到的报酬仅仅是这件衣服在美国零售价的 0.5%。

这些女工们想要合理的工资，而她们所谓的合理就是每天 5 美元。她们想要的只是安全地工作、热的时候能有水喝、不要受到性骚扰。她们想要在孩子们睡觉前就能下班回家，并能让儿女们吃上饱饭。正是她们所遭受的苦痛，以及世界其他地方的制衣工人们所遭受的苦痛，换来了百货公司货架上仅售几美元的商品。

我问她们为什么甘愿留在城里，住在这缺水少电的贫民窟，在这么不健康的环境下工作，而不愿回到她们长大的农村去？她们说，农村已经没法儿养活她们了。她们的家人已经不再务农，因为劳动密集型的本地大米根本无法与美国进口大米竞争，尽管本地大米营养丰富，但进口大米的售价却只有本地大米的一半。有人暗中披露，这是某大国战略计划中的一部分，把海地人从农田赶去城镇，为他们富有的国人缝制衣服。彻底毁掉务农这条生计，人们才会留在城市，并在绝望中忍受血汗工厂的盘剥。

恰当的位置

翌日，我致电美国国际开发总署。令我大跌眼镜的是，该机构一男子竟然公然认可这一听似夸大其词的阴谋论。该男子称，海地人务农是没有效率的，与其种植一些在其他地方更便宜的作物，还不如顺应全球经济大潮。在他看来，顺应全球经济大潮就是为美国人民缝制服装。但是我必须说,效率并不是唯一标准。农民与土地的关系、健康和有尊严的工作、孩子们放学后能有父母的陪伴、社群一代代完好地传承——难道这些都不具价值么?

"嗯,"他说,"如果海地人真的想要务农的话,他们完全可以种植一些能出口到高端市场的经济作物,比如有机芒果。"没错:美国国际开发总署的计划就是要海地人民别无选择,海地就是美国出口过剩大米的市场,海地就是廉价缝纫女工的供应国,海地偶尔也会为我们的食品店供应一些有机芒果。

截至 2008 年,海地的大米八成靠进口。这个世界上最贫困的国家只得听凭国际大米市场的摆布。燃料成本攀升、全球大旱,而水资源却转向了赚钱更多的作物,比如制作迪士尼服装所需的棉花。这致使全球大米产量锐减,短短几个月内,全球大米价格涨到原来的三倍,成千上万的海地人买不起大米吃。《纽约时报》刊登了海地人被迫吃泥巴的故事,他们往泥土里和上糖和油做成泥饼。[3]

公民,而非消费者

T 恤衫供应链中的问题只是冰山一角,而所有这些问题都是"开采-生产-丢弃"经济模式下的产物,同时也成就了这一经济模式。所以说,努力争取消费者个体层面的改变虽然好,但是还远远不够。面对当下严峻的自然及社会危机,我们必须拓宽视野,制定一套从根源上解决问题的计划。

因此，我们必须摒弃消费者思维模式，以公民身份思考问题。这是因为，有关商品的最重要的决定并不是在超市或商店货架间做出的，而是在政府和企业的议事厅里做出的；是他们在决定使用什么原料，是他们在决定坚持什么准则。

尽管消费主义想方设法向"可持续的"商品靠拢，它仍是一套教我们通过占有物品来论断自我、识别身份并寻求意义的价值观，而不是通过我们的价值、我们的行动以及我们的社会来实现。现如今，我们沉浸在消费主义文化中无法自拔，即便家里已经满满当当，我们还会去买东西。充裕的物品和累积的信用债务让我们感到焦虑，正如作家戴夫·拉姆齐说的那样，花不是我们口袋里的钱，买我们不需要的东西，就为了赢得我们不喜欢的人的重视。

另一方面，公民权在刘柏川所著的《民主的花园》中被称为"你如何展现在世界面前"。[4] 别不当回事儿，改变世界是我们的责任。（抱歉，激进地说）我们要实现的是一次转变，我们要的绝不是胡乱修缮的表面功夫。即便是"道德消费主义"也有普遍的局限性，我们能做的只是从菜单上选择最符合道德良知的商品，而很多时候我们不过是两害相权取其轻罢了。然而，公民权则意味着致力于改变菜单里有什么，改变那些污染地球或危害人类的事物。公民权意味着走出日常生活的舒适地带，和其他有担当的公民一同改变世界。

20 世纪 60 年代兴起的民权运动正是美国历史上争取公民权利

的典范。当罗莎·帕克斯在公共汽车上拒绝起身站到车厢尾部时，一切还只是个人良知的自然反应。她是筹划这场运动的数千名激进分子中的一员，她训练有素，冒着风险投身于策划周密的非暴力不抵抗行动。联合抵制公车及餐馆种族隔离的消费者行为只是这场运动中的一种方式，这种方式被广泛应用于环境保护、同性恋权利、支持选择自由和其他一些运动中，并取得了不同程度的成功。但是如果没有大规模民众运动，单独的消费者行为并不足以产生深层次的转变。

所以，是的，弄清我们的消费者决策十分重要。团结力量大，大家共同努力就能实现结构性的转变。作为个体，倘若我们记得向内看，用我们的健康、友谊的力量、兴趣的丰富度以及公民努力，来衡量我们的幸福，我们可以少用物品。作为公民，而不是消费者，我们携手努力就能够取得更大成就——强化立法及商业实践，提高效率，减少浪费。

作为个体消费者，我们可以首先选择有机产品，避免使用含有有毒添加剂的商品，并确保我们的东西可以安全地循环再利用。但是作为公民，我们能够实现更多，我们可以要求更为严格的法律、更清洁的生产系统，从而保护公众健康。当然，还有很多方法能让我们共享更多，就像我所在的社区里的几户家庭一样。由于我们共享物品，我们只需要一把长梯子、一辆皮卡和一套电动工具就好了。这意味着我们可以购买更少、拥有更少并弃置更少的东西。从公共工具租赁馆到点对点共享平台，有很多种方法都能使共享从邻里间走向全国范围。

  我们不可能不买东西，也不用东西，但是我们可以努力修复我们和物品之间的关系。曾经是我们拥有物品；而现在却是物品拥有我们。不过，我们一定能够恢复恰当的平衡。

第4章 为什么在公平的社会里每个人都更幸福?

布鲁克·贾维斯、理查德·威尔金森访谈

数十年来，英国流行病专家理查德·威尔金森一直在研究为什么一些社会比另一些社会更健康。在《社会水平尺：为何越平等的社会越进步》一书中，理查德·威尔金森和凯特·皮克特发现，健康社会的共同之处并不在于人们有更高的收入、更多的教育或是更多的财富，而是健康社会更加平等。[1]

经济不平等给整个社会造成诸多不良影响，甚至会危害到那些身处社会顶层的人们。我和威尔金森坐在一起，探讨平等之所以如此重要的原因，以及建立平等的最佳方法。

贾维斯：您研究不平等对公共健康所带来的影响已经有很长时间了。有没有什么新发现令您感到震惊呢？

威尔金森：哦，所有发现都令我震惊。很多年来，研究公共健康的人们致力于找出贫穷与社会问题之间的联系。所谓社会问题包括心理疾病、犯罪、婴儿死亡率等等。举个例子来说，我们认为一旦能够确定收入与死亡率的关联，就能够预测出某个州的死亡率。可实际上，我们并没能做出正确的预测。研究结果显示，收入本身并不造成重大影响，不平等才是症结所在。当两个州的收入水平相当时，较为不平等的州死亡率更高。

我们发现，在较为不平等的社会中，青少年生育率是其他社会的八倍，自杀率将近十倍，而心理疾病患病率也高达三倍。调查发现，是身份地位的差异造成了这些问题。似乎再找不出其他合理的解释。

贾维斯：当我们认识到这些问题的肇因是不平等而不是贫穷时，我们做了哪些改变？

威尔金森：我认为人们已经在为我们的社会问题而担忧了——尽管我们在物质方面取得了很大的成功，但很多事都出了错，而我们却不明白这是为什么。各大媒体竞相报道林林总总的社会问题，并将矛头指向家长、教师、宗教缺失，或是其他什么。人们能够分辨到底是什么原因十分重要，并不应该局限于学术方式。数百年来，直觉告诉人们，不平等会引起社会分裂和腐化。

贾维斯：说到不平等能造成社会腐化，您有关犯罪和收监率的研究应该就是最好的证明吧。

威尔金森：我们曾引述过一位担任过二十五年监狱心理医生的话，他说他遇到的暴力案件全都是因当事人感觉不受尊重、受到侮辱或是丢了面子而引起的。这些感觉就是暴力的诱因，然而在较为不平等的社会里，这些感觉会更加强烈。在不平等的社会里，对身份地位的竞争更加激烈，人们对社会评价会更加敏感。

贾维斯：第一次听闻您这本著作时，我本以为书里会用大量篇

幅讨论不平等所造成的物质方面的影响,但事实上您的重点却不在这上。

威尔金森:是的。这本书讲的是不平等带来的社会心理影响,也就是生活在优越感或自卑感导致的焦虑情绪下会有怎样的后果。让你患上心脏病的并不是次等房屋,而是由此产生的压力、绝望、焦虑与抑郁的情绪。

贾维斯:对那些社会上层人士来说,生活在不平等的社会里,又有什么样的心理影响呢?

威尔金森:身份地位的竞争会引发一连串问题;我们所有人都对别人如何评判自己十分敏感。人们会花费数千英镑去买一个名牌手袋,只为能彰显他们的身份地位。在较为不平等的社会里,人们更容易陷入债务危机。他们每天工作的时间更长——在最不平等的国家,人们每年要多工作九周。

如果你在消费主义社会长大,你会认为人本自私。实际上,并不是我们积攒财富的欲望无穷大,而是因为我们在意的是他人眼中的自己。这并不是物质上的利己主义,而是我们非要用别人的眼光来看待自己——这也是人们购买名牌、衣物和汽车的原因。

贾维斯:不平等会对我们认知社会造成什么影响呢?而这样的认知又会产生什么反作用?

威尔金森:不平等能影响我们的信任水平。举例来说,在更加平等的国家,三分之二的人感觉能够信任他人,而在较为不平等的国家或地区,仅有15%的人能够信任他人。

不平等反映出社会分级的程度,有多少是我们能够共享的,有多少不能。这能告诉我们正在开发我们哪部分潜能,我是否需要自己养活自己?还是我能够指望良好的人际关系活下去?你是要偷我的东西么?还是我们能够一起分享?

人类能够二者兼顾。我们生活在最主张平等的社会,同时,我们的社会也是最糟糕、专制且等级分化的社会。有意思的是,我们能够测算社会有多么的不平等,以及不平等如何诱发某些特定行为。

贾维斯:当我们意识到不平等对所有社会疾病造成的影响后,我们该怎么做?

威尔金森:不同国家实现社会平等的方法各不相同。比如瑞典,采用的是大政府行为,巨大的收入差异通过税收与福利的形式得以二次分配。瑞典绝对算得上是高社会福利国家。然而,日本却完全不同。日本税前收入差距较小、税收较低,而且没有巨额的社会支出。但是这两个国家做得都非常好——它们都属于世界上较平等的国家,健康与社会状况也良好。

不过,我们不能光靠税收与福利来增进平等——下一届政府一举就能废止一切。我们必须让平等的架构牢牢嵌入我们的社会之中。我认为这样一来,经济会更加民主,或者所有工作场所都会更民主。友好社会、互利社会、员工所有制、员工代表入选董事会、合作社,这些都是商业民主方式。因为高层领导对员工完全不负责,才有了奖金文化。

在我们的企业里，实现更加平等的民主责任制，远比改变收入分配或财富分配要好得多。这等于我们将能够更好地并肩工作。

贾维斯：假定解决我们诸多的问题，诸如气候变化，都需要前所未有的合作，那什么才最重要？

威尔金森：全球气候变暖，应该比你能想到的所有问题都重要，解决这一问题需要为公共利益而努力，需要公共意识。

不平等改变着我们对事物的看法——是事不关己高高挂起？还是能意识到大家同坐一条船，要为了共同的利益而行动起来？

在更加平等的社会里，社区生活更加有力，暴力行为会更少，人与人更加信任，并且人们能够以共同利益为先。

第5章 合作与分享是我们的天性

安妮·里奥纳德

一个世纪以前,安德鲁·卡内基等实业家相信达尔文的理论说明了恶性竞争与经济不平等存在的合理性。他们留给世人的思想遗产就是将财富集中在少数人手中的公司经济对整个社会都有益。这是对达尔文理论的一种扭曲。达尔文在1871年的作品《人类由来》中提出,人类之所以能够生存繁衍,是因为人类有共享和同情的特点。他还说:"拥有最多有同情心的成员的社群最繁荣,并会繁衍最多的后代。"[1]达尔文并不是经济学家,但是在他的观察研究中,财富分享和合作比控制当代公司生活的精英主义和等级制度及人类生存繁衍更匹配。

将近一百五十年后,现代科学证实了达尔文的早期观点,直击我们如何在社会中做生意的内涵。德国莱比锡的马克斯·普朗克研究所的进化人类学主任、美国心理学家迈克尔·托马塞罗的最新研究综合了三十年来的研究成果,发展出一套有关人类合作的综合进化理论。我们能从分享中学到些什么?

托马塞罗认为,实现人类独特的互相依赖形式有至关重要的两步。第一步是关于谁来吃饭的。大约在二百万年前,辽阔的非洲平原上出现了一支被称为"能人"(Homo habilis)的新物种。就在这些身高约 4 英尺的两足猿猴出现的同时,全球变冷、大地变得广袤空旷。气候的变化迫使我们的猿人祖先不得不适应新的生活方式,否则就只能坐以待毙。由于他们缺乏击败大型动物(如更新世早期的凶猛肉食动物)的能力,他们偶然发现一种方法,那就是吃刚被杀死不久的大型哺乳动物的尸体。分析这一时期的骨骼化石发现,在肉食动物牙齿印之上还有石器工具的切痕。看来人类的祖先有"吃大餐"迟到的习惯。

然而,这一生存策略却带来了一整套全新的挑战:个体行为需要相互协调、共同合作,并学会如何分享。对于生活在浓密雨林里的猿猴而言,寻找成熟的果实和坚果基本属于个体行为。但是在平原地区,我们的祖先需要群居行进才能生存,在一只动物遗体上觅食的行为迫使原始人学着彼此包容与合理分享。这导致社会选择倾向合作,"那些试图独占尸身上食物的个人会惹得其他人主动地反感,"托马塞罗写道,"可能还会受到他人的排挤。"[2]

在我们今天的行为中可以看到这一进化过程的影子。特别是在小孩子身上,当他们还太小、还没学会公平的概念时。举例来说,人类学家凯萨琳娜·哈曼及其同事 2011 年在《自然》杂志上联合发表的研究发现,三岁左右的孩子们通过合作,而不是个人努力或不劳而获得到食物时,他们能够更公平地分享。[3] 相比之下,黑猩猩在这几种不同情景下分享食物的行为却毫无差别;他们不一定非得独自囤积食物，但他们也不注重共同合作。根据托马塞罗的研究，这意味着人类的进化更倾向于我们合作，并赋予人们合作就应有平等的回报的意识。

托马塞罗理论中的第二步，直接引入什么样的商业和经济更符合人类的进化。当然，人类有着绝无仅有的庞大人口数量——远远多于其他灵长类动物。正是人类对合作的偏好使得群居人口不断增长，并最终形成部落社会。

人类有着比其他灵长类动物更发达的心理适应性，这使得人类能够快速分辨自己群体的成员（通过特别的行为、传统或语言形式），并在追寻共同目标时形成共有的文化身份。"结果就是，"托马塞罗说，"相互依赖且有集体意识的新物种，不仅仅局限于有意识地小范围合作，更发展至整个社会层面的群体意向。"

第6章　为什么打招呼那么重要？

安卡亚·温德任德

一天，我和同事在拥挤的旧金山海滨散步。三个年轻的非裔美国男子一边打闹嬉戏一边朝我们走来。就在我们擦身而过时，我向他们示意问好。我听到最后走过的那个小伙子说了句："多谢你看到我们。"

一时之间我俩都没反应过来。同事问我："我没听错吧？你也听到了吗？"我感觉很心痛，半天才回答了一声"嗯"。

为什么我看到了某个人，就要被感谢？我极力控制自己，这才没转回头去找那几个年轻人。我多想把他们揽在怀里，替每一个曾经无视他们、躲避他们或是拒绝他们的人道歉。在世间行走，如何去拒绝与他人的对视，如何去拒绝承认一个人的存在？

普遍存在的种族歧视使得非裔美国男子生活在特定的区域内，就这一点（还有他们为何感觉自己是隐形人），就足够我写一篇文章的。然而，就在我放眼全球时，我发现还有很多人经常被忽视。超市里负责装袋的店员、前台的接待员、送信件的人、打扫街道的清洁工，还有那些太老、太年轻、太……的人。

如果我们每天都能和每个人打个招呼，让他人感觉自己值得被重视、值得被尊重，将会怎样？又会发生什么变化呢？

我们中有一群人，他们致力于社会变革。但是那些获奖者、富翁土豪、媒体宠儿们却使出浑身解数，争夺公众的关注与资源。这使得许多社会运动都没能达到应有的效果。

事实上，大多数致力于变革的人们这么做，是因为他们在乎他们的社区或是在意问题本身，而不是为了出名或是嘉奖。诚然，他们所做的工作十分重要也十分必要，即便未见成效，他们也绝对值得尊敬。他们或许名不见经传，但他们却是当之无愧的英雄。

我们每个人每天都会在某种意义上扮演领导者的角色，但可惜的是，许多领导行为都没人注意到或是无人认可。只关注几类领导者却忽略其他人的文化模式，抹杀了许多人的贡献。这其中包括妇女、穷人、工人，当然还有那些年轻的非裔美国男子。

如果我们能够设法看到彼此，尊重和我们一同生活在这美好地球上的每一个人——如果不再有年轻人只因陌生人看到了他而说谢谢——那我们就算做成了一件大好事儿。

这是我给你的邀请函：让我们用一个月的时间，刻意注意那些我们平时视而不见的人。让我们打破不看"那些人"（不论对你而言那些人是谁）眼睛的旧式，让我们和沿途或附近的陌生人打个招呼，看看会发生什么。

第二部分

幸福实践篇
——如何获得幸福

奥地利｜萨尔茨堡米拉贝尔花园

简　介

"珍惜现时当尽欢，人生一世如转瞬。"——波斯诗人、哲学家、数学家莪默·伽亚谟

是什么使我们感到快乐？这是一个长期且十分重要的问题。这么重要的问题又岂能留给广告商来作答。

要记住，我们能够选择。这是第一步。《追寻生命的意义》的作者维克多·E.弗兰克尔是纳粹集中营里的幸存者，他在书中写道："当外力超出你的掌控时，即便它能夺走你拥有的一切，但唯独有一样东西是任谁也夺不走的，那就是你选择如何去应对的自由。"[1]

所以，我们可以选择数一数我们遇到的好事，或是数一数我们白天所忍受的轻视与侮辱。我们可以来一场说走就走的旅行，也可以咬牙切齿地等待着退休。我们可以选择学习正念的艺术、戒掉瘾症、锻炼身体、吃健康食物、交良朋益友，从而提升我们的福祉。

换句话说，可持续的幸福就是一种心理习惯，是一种可以培养

的技能。佛教僧人马修·李卡德在他的书中写道，正念法就是方法之一。正念和它的手足——慈悲心——能够减轻我们过去的负担，减少我们对未来的忧虑。当我们全神贯注时，我们就能认清自己的情绪和欲望，就能够很好地向身边的人展示自己（详见第 7 章）。

正念法还能够帮助那些瘾君子们，无论是毒瘾、酒瘾，还是轻度固恋（比如手里必须有一个电子设备）都能受益。丹·罗尔曼下决心每周过一个科技安息日（详见第 8 章）；丹·马赫发现自己在戒掉色瘾后更爱自己，并成为女性更好的朋友（详见第 9 章）。

亚里士多德说："当你的天赋与世界的需要相符时，那便是你的使命。"作家罗曼·卡纳里克在第 10 章中让我们冒险尝试追求我们最想要的职业。尚侬·哈耶斯正是这么做的，为了一个不确定的未来，她放弃了朝九晚五的工作，回到家里的农场（详见第 11 章）。她在文中提及，她家曾几度面临严重的经济问题，但他们却有尊严并快乐地挺了过来。

很多人说他们没时间快乐。每天醒来就是长时间的工作和尽不完的家庭责任。但是，抽出一些时间和你爱的人一起共度能够促进可持续的幸福。凯瑟琳·古斯塔夫森在第 12 章中指出，家庭聚餐值得花时间去做——准备与上菜的方式使得每位家庭成员都能多待一会儿。好处不止这些，家庭聚餐能使孩子在家的温馨中成长，更坚实的家庭关系还能帮助孩子和家长们渡过难关。

不论你怎样生活，练习感恩都能提升你的外在形象。你的奶奶可能也和你说过：知足常乐。今天，我们就来记一本"感恩日

可持续的幸福
Sustainable Happiness

记"，记录一天当中让我们感激的人和事。在第 13 章中，杰里米·亚当·史密斯把感恩称作情感肌肉——感恩是一件工具、一个镜头、一支画笔、一种选择——我们能用它看清那些平日里看不见的恩赐。

第二部分 幸福实践篇——如何获得幸福

第7章 这是你的人生——要用心对待

马修·李卡德

幸福并不能简化成几种令人愉悦的感受。幸福是一种存在方式,也是一种体验世界的方式。幸福是一种深刻的满足感,即使遇到不可避免的挫折,依旧能够感到幸福,幸福是一种更持久的状态。

然而,追寻幸福的道路却常常把我们领进挫败与苦痛之中。我们试着创造能令我们快乐的外在条件。但事实却是,思想将外在条件解读成幸福或是不幸。这也是为什么我们"什么都有"(财富、权利、健康、美满的家庭等等)却还是很不开心的原因所在。相反,当我们遇到艰难的困境时,我们仍然可以坚强与平静。

真正的幸福是一种存在方式,是一种可以培育的能力。一开始时,我们的思想不受控制且易受影响,就像顽皮的猴子或闲不住的孩子一样。要通过练习,我们才能获得内心的平静与力量、真正的爱与宽容,以及其他通往真正幸福所需的品质。

佛陀教导我们,尽管一个人能学到的信息有限、体能有限,但是我们的慈悲之心却无可限量。

修习快乐

开始时一点儿也不难。你只须时常坐下来，心由外收拢向内，思绪渐渐平静下来。将注意力集中到某一选定对象上。这个对象可以是房间里的一件摆设，也可以是你的呼吸或你的思绪。练习时，走神是难免的。每次走神时，温柔地将思绪带回到你所专注的对象上，就好像蝴蝶一次又一次地回到花蕊。

此时此刻，精神饱满。昨日之日不可留，明日之日不可知。一个人若能保持纯净的正念和自由，杂念的出现与消除便会不留痕迹。这就是基础的冥想。

定期认真冥想的人都曾体会过心无旁骛的感觉，这绝不只是佛学理论而已。

冥想还能够培育人类的基本品质，比如专注力和慈悲心，以及体验世界的新方式。重要的是，一个人在逐渐改变。经过数月或数年，我们变得更加有耐心，不易愤怒，更少在希望与恐惧间挣扎。伤害他人变得不可思议。我们的行为更加利他，我们练就了处理人生起伏的优良品质。

以恶毒的愤恨为例，愤怒能填满我们的思想，并将扭曲的现实投影到人或事上。当我们被怒火包裹，我们无法从中分离开来。每当我们看到或想起那些令我们愤怒的人，怒火就会再次被点燃，而我们就被禁锢在苦痛的恶性循环中了。我们沉迷在痛苦的缘由中，无法自拔。

但是，如果我们可以从愤怒中分离，用正念审视它，意识到怒火并非愤怒，我们就能认清怒火不过就是一串串思绪。怒火不像刀剑能砍杀，不像火焰会灼烧，也不像岩石可以碾压；它不过是我们头脑中的一个产物。不再"做"怒火，我们懂得了我们不是怒火，就好比云朵不是天空一样。

所以，处理愤怒情绪，我们要避免思想不停地跳跃，从而触发我们的愤怒。然后，我们将注意力集中到愤怒之上。如果我们停止给火堆加柴，只是静静地观看，火焰自然会熄灭。同理，如果怒火不再被迫压抑或释放，自然也会消散殆尽。

不体验情绪并没有问题；问题在于，不要被情绪奴役。要让情绪出现，但不要带上那些令人痛苦的成分——扭曲的现实、混乱的思绪、执着、因自己或他人而痛苦。

时常在纯静的意识中冥想意义非凡。当苦痛情绪出现时，保持纯静意识，我们便不会与苦痛产生共鸣，自然也就不会受情绪影响而左摇右摆。

这对初修者而言还有些困难，不过当你越来越熟悉这种方法，一切将变得非常自然。无论怒火何时燃起，你都能马上辨别出来。就好比，当你知道某人是个扒手时，即使他混迹在人群中，你仍然可以立刻发现他。

相互依存

正如你能学会如何处理痛苦的思绪一样,你能学会如何培育并提升那些有益的情绪。满怀爱与仁善带来的是双赢的结局:你一边享受持久的幸福安康,一边不图回报地帮助他人,当然,你也会因此成为一个好人。

即便无人知晓你的所作所为,但当你给一个孩子无私的爱令他开心快乐时,或是当你慷慨解囊帮助那些需要帮助的人时,都会给自己带来深刻且温馨的满足感。

人类道德品质的形成往往是攒三聚五。利他主义、内心平和、力量、自由,还有真正的幸福共同茁壮成长,就像是营养丰富的果实的各个部分一样。同样地,自私、仇恨、恐惧也会一起增长。所以,即使帮助他人偶尔发生"不愉快"也不要紧,万事万物相互依存,因此能带来内心的平和、勇气与和谐。

然而另一方面,苦痛精神状态的源头是以自我为中心,而且自身与他人的间距不断拉大。在这种状态下,虚妄与偏执连同对他人的恐惧与嗔恨,导致为了追求一己的私欲而贪得无厌地抓敛着外界的一切。自私地追寻幸福会造成的是两败俱伤的局面:自己落得惨淡收场,同时也会令他人悲凉不幸。

过分沉溺于对往日的追忆或是对未来的憧憬往往会使内心在矛

盾中挣扎。你并没有真正地把精力集中到当下，而是全神贯注地在恶性循环里打转，滋养着你的自私与自大。

这与心无杂念截然相反。你要把专注力转向内心，也就是说你要审视当下纯粹意识本身，不受干扰。

如果你在培育这些心理能力，一段时间后，你就能毫不费力地处理内心的不安，就好像喜马拉雅的老鹰对待乌鸦一样。我的小屋窗外时常有乌鸦袭击老鹰，它们从高处向老鹰俯冲而去。但是，老鹰不喜欢耍花枪，只是在最后关头收回一只翅膀，躲过俯冲的乌鸦，然后再一次张开翅膀。整个过程只耗费了极少的体力，带来的影响也极低。

和谐的芬芳

当在星空下的雪地上徒步行走时，或是在海边与好友共度美好时光时，人们体会到"恩赐的时刻"或是"美妙的时刻"，事实上发生了什么呢？突然间，他们卸下了内心矛盾这副重担，感觉自己与他人、与世界和谐融洽。充分享受这美妙时刻的感觉实在是太棒了。不过他们为什么会感觉如此之好？是内在矛盾的和解；是万物相互依存的感觉，而不是支离破碎的现实；缓解了好斗与痴迷的精神毒素。一旦卸下包袱，等待我们的不只是短暂的瞬间，而是持久的状态——我们称其为真实的幸福。

这样一来，能够应对人生起落的自信心会逐步取代不安全感。你的舍心（译者注："舍心"是一种不偏向任何一端的平衡心态）能使你更加坚定，不论成败，不计得失，你不再是山巅的野草随风摇摆。内心深处的平和使那些表面的风浪再也威胁不到你。

第8章　放松一下：过一个科技安息日

艾丽卡·寇恩娜

丹·罗尔曼最近意识到他的社交生活中有种趋势令他很烦心。他说："我在脸书上收到的生日祝福开始多过生日卡和电话祝福了。"

这促使他发起了《安息日宣言》，鼓励人们好好享受和爱的人共度的时光，享受户外的清静，享受往昔的快乐，还记得我们的生活被网络侵占之前的日子么？

罗尔曼说："我这么做只是想让更多人看清科技与我们的生活之间的关系。"

美国人民开始思考，这无休无尽的电子通讯正在如何影响我们的生活质量。一部分人已经开始每隔一段时间就过上一天"不插电日"，并鼓动其他人也这么做。

萨尔·博德纳兹曾一度成为旧金山新闻的热点，原因是他要求他咖啡店内的客人关闭便携式电脑。博德纳兹在家乡奥克兰市经营真实咖啡的初衷，本是为了加强邻里间的社会交往，但他发现网络却成了最大的阻碍。

"当你走进一家咖啡店时,你看到二十来个人盯着各自的便携式电脑,没有人聊天,这会形成一种模式,"博德纳兹说,"除非你真的去过一家没有便携式电脑的咖啡馆,否则你根本不会知道你错过了什么。"

如今,真实咖啡每周末都是无便携式电脑日。尽管博德纳兹本人并不反对便携式电脑,但是他意识到人们需要真实的联系——而联系不能只停留在屏幕之上。他说:"这也是本店店名的寓意:真实的交流。"

一日,旧金山当地商户们发起了无科技日活动,邀请参与者参观不插电咖啡馆,或是参加野餐聚会。自我描述为"多重任务的全职妈妈"的奥布里·哈蒙关掉了电视、电脑、智能手机,参加了野餐聚会,聚会上禁用一切电子产品,鼓励人们跟着原声乐队的伴奏歌唱。

哈蒙发现,当她不再躲藏在相机或手机后面时,她过得更加真实。她决定在她的家庭生活中也要有科技间歇。她说:"我意识到了平衡电视等科技产品与户外活动之间的关系,对我的儿子来说十分有益。"

《安息日宣言》列出了每周一次的科技安息日应该遵循的十大守则。这些守则是罗尔曼和瑞布特公司一同制定的。瑞布特公司是一家非营利性机构,专门承办现代生活中与传统犹太仪式相关的活动(宣言发起人称,你不必信教也可以过科技安息日)。

《安息日宣言》十大守则

1. 禁用科技产品	6. 点上蜡烛
2. 联系爱的人	7. 喝点儿酒
3. 培养健康	8. 吃面包
4. 去户外	9. 发觉安静
5. 避免商业活动	10. 回归

全美断网断电日（National Day of Unplugging）等无科技日及相关活动在美国上下产生了极大回响。博德纳兹很兴奋，因为他的无便携式电脑周末正在建造真实的社区。

他记得，有一位邻居是电影制片人，平时总在他的咖啡店里工作，却满脑子都是不插电主义。"她特别注意定时休息，休息时她会和邻座的人说说话。"他说，"事后她走过来感谢我，因为她交到了两个新朋友，外加五个商业新伙伴。"

旅行作家弗兰克·布雷斯（Frank Bures）将每周一定为他的断网日。"从无意识回归梭罗和有意识的生活，"他说，"你想怎样度过你的人生？盯着电脑屏幕，跟随着一个个网络链接？还是按你自己的意愿生活？"

布雷斯认为由于电子通信设备不断干扰，人们长时间集中精力处理某一问题的能力已经渐渐消退。这对他来说就是个悲剧，"你的注意力是有限的，而恰恰是它勾勒出你的人生。如果你失去了它，你的人生也就失去了意义。"

第9章　戒瘾，重拾亲密关系

丹·马赫

我至今还记得我第一次在网上看到色情视频时的情境。那年，我17岁，我沉浸在性爱与性幻想中。随着我长大，我开始有自己的性生活，可我发现和另一个人做爱跟在电脑上看色情影片截然不同。我以为自己长大了，可以改掉看色情作品的习惯了。但是，我错了。

我已经色情成瘾，无法自拔。同大多数上瘾的人一样，和别人谈这件事让我感觉很难为情，我甚至不愿承认这是个问题。

我听到过有人说："是个男人就看A片。"这似乎很平常，但确实难以启齿，所以我没和别人讲。

我并没有意识到看色情影片会对我有多大的影响，它操控我的思想，扭曲我的性欲，麻木我的情感，影响我和女性的关系。事实上，并不是只有我一个人这样。

据最新研究显示，在平常的月份里，18~34岁的男性中有70%的人访问色情网站。[1]事实上，不仅仅是男性会在网上观看性爱视频，约有三分之一的观众是女性。[2]

我真正担心的并不是有多少人在看色情影片，而是有多少人发觉自己已经色情成瘾了。（我想声明一下，我并不认为所有色情作品都不好。我看过一些很不错的视频，片中的男女相互爱慕、彼此尊重——当然，这种视频通常只能在女性色情网站或是妇女之友一类的网站上看到。我在这并不想评判其他人的选择，只是想把色情成瘾对我的人生造成的影响告诉大家，并和大家分享一下戒瘾之后我的改变。）

色情作品的影响

大量研究都已经将观看色情影片与呈上升趋势的性别歧视及暴力案件联系到了一起。举例来说，有些男性千方百计地偷看女性，却并不与其发生任何实质行为（即所谓的窥阴癖）。在很多色情作品中，男性对女性辱骂、施暴，而女性却饰演出一副很享受的样子，诱使观看者误以为女性喜爱类似被强迫的性行为，低估强奸会造成的伤害。过多观看色情影片还会造成勃起障碍，在没有色情影片的感官刺激下就无法达到性高潮；思想与肉体分离，感情冷淡麻木，注意力涣散及耐心缺失，记忆力减退，以及对现实生活提不起兴趣。[3]

观看色情影片还会影响男性与女性发展诚实且亲密的关系，即便男性渴望被爱与被关怀。

我戒瘾的原因

我总认为只有伪君子才会看色情作品。我曾经就是，表面上反对男尊女卑和暴力的文化，但骨子里却想方设法要征服女人。现实中，大多数网络色情影片的标题中都带有"婊子"、"骚货"等侮辱性词汇。暴力已成为色情文化的一部分，女人不过是等待男人去驯服并用来泄欲的躯壳罢了。

坦白地说，那些画面既让我兴奋又令我恶心。我的脑子里灌满了淫邪、猥亵甚至是强暴的性冲动。尽管我不愿意承认，但是观看色情影片带给我的已经不只是心理上的病痛了，可我仍旧在看。也就是那个时候，我意识到我已经色情成瘾了。

在色情文化中浸泡了十年之后，我决定一年内不看色情视频，我想知道我会怎样，也想看看生活会有何不同。而一年后，我有了一些体会与收获。

戒瘾之后

自从戒掉了色瘾后，我找回了我人生中缺失的部分，恢复了完整的我。重获完整的自己，帮我摆脱内心的羞愧，我更爱自己也更爱他人。我还注意到，我现在能更加现实地与女性相处了，而不再是将我心底的臆想投射在她们身上。当我脑子里塞满了色情画面时，这些我是根本做不到的。全新的存在感帮我消除了潜意识中的大男子主义，让我逐渐成为女性更好的朋友。

通过学习如何用心而不是用脑，我的自我感受扩大了。情绪表达缺失多年的我又找回了流泪的感觉。压抑许久的紧张情绪终于得以宣泄，这开启了我人生中许多的快乐。所有这些帮助我改变了我的性欲，让我拥有了欲望与肉体结合的真实的性爱关系。

在两性关系中，我变得能够不再强行主导，愿意随机应变，并接受人们各自的不同。我从未如此相信过自己，以至于我的自信感激增。每天早上醒来，我都心怀感恩：感恩我还活着，清楚地知道我人生的目标，对工作充满热情。我现在的生活是如此真实，并充满动力，这是我从未有过的感受。

更上一层楼

正如方济会神父理查德·罗尔在书中写的那样，"没能转化的伤痛会传播"。[4] 而伤痛常常会通过暴力的形式传播。作为男人，我们该如何打破这个循环？我很清楚，对待伤痛我们不能默不作声。只有把阴影放到阳光下，我们才能将威胁我们的力量分散开来。

我致力于构建一个充满爱与尊重的世界，一个让所有人都感到安全的世界。色情影片与色情成瘾所带来的羞愧感与麻木感，让我厌恶不已。听到人们（教会、家长、老师等）将想用健康且真实的方式表达性欲看作是罪恶时，我感觉很悲哀。对女性施暴、污蔑、利用更令我愤怒。满足就是满足。爱与疗愈的文化只能建立在诚实与完整的基础之上，从我们自己的人生做起。

第10章　抛开烦恼，找一份你热爱的工作

罗曼·卡纳里克

令人满意的工作是指一份能释放你的热情、展现你的才华，并体现你的价值的工作。翻阅 1755 年出版的《约翰逊词典》，里面压根儿就没有"满足感"（fulfillment）这个词儿。而如今，我们的期望值越来越高，这也使得我们的工作满意度下降至历史新低，美国仅 47%，欧洲则更低。[1]

如果你认为自己也是那些工作不开心的人中的一员，又或者你偶尔也会抱怨工作和自我没走在正轨上，你又何谈找一份有意义的工作呢？特别是在经济困难的时期，怎样才能克服变化带来的恐惧？怎样才能在错综复杂的选项中做出抉择？

困惑纯属正常

首先，令人安慰的是：对职业选择感到困惑是完全正常的，也绝对可以理解。在工业化时代之前，只有大约三十种标准行业——你可以选择当个打铁匠或是当个木匠——但是如今的招聘网站却

罗列着一万两千多种工作。结果呢？我们倍感焦虑，总担心会选错行，最后还是什么也没选，继续干着祖传的行当。心理学家巴利·施瓦茨将这种现象称之为"选择的悖论"：过多的选项会导致决策瘫痪，而我们就如同聚光灯下的小鹿一样。[2]

这还不止，人们向来喜欢对可能出错的事儿夸大其词。诺贝尔奖得主心理学家丹尼尔·卡内曼说过："我们对输的憎恨是对赢的喜爱的两倍。"无论是在赌桌上，还是在职业选择上，都一样。[3] 因此，我们的大脑并没有足够的勇气去转行儿。我们需要认清一点，那就是困惑再正常不过，而我们要做好准备冲破困惑。

宁当全才，不做精英

一个多世纪以来，西方文化都在告诉我们，发挥我们的天赋并获得成功的最佳方式就是要争做某一狭窄领域的资深专家，比如企业税务会计师或是麻醉师。

然而在现实中，越来越多的人认为，这种方法不能培养他们其他方面的才能。对他们而言，成为全才比做精英更有意义。这种想法源于文艺复兴时期的复合型人才，比如，李奥纳多·达·芬奇可以今天画画，明天搞机械工程，周末又去做几次解剖试验。

如今，这样的人才被称为"组合型工作者"（portfolio worker），即同时兼顾若干种工作，且通常是自由职业。管理思想大师查理斯·汉迪表示，这不仅是在不稳定的工作市场上分散风险的好做法，更是通过增加灵活工作的可能创造非凡的机会：有史以来，我们第一次有机会塑造适合我们生活的工作，而不必用生活去迎合工作了。如果错过这样的机会，我们肯定会抓狂。[4]

● 找到你的价值与才能的交集 ●

2500年前亚里士多德的名言绝对算得上最睿智的职场忠告之一，他说："当你的天赋与世界的需要相符时，那便是你的使命。"他一定会为当代研究背书，研究发现，那些追逐金钱和地位的人不太可能感到满足：在美世国际岗位评估系统（Mercer Global Engagement Scale）对工作满意度的预测中，"基本工资"在12个因素中排在第7位。[5]

哈佛大学的霍华德·加德纳教授指出，最好的选择就是找一份有道德情操的工作，为对你有意义的事业而奋斗，并发挥你的特长。[6] 看着职介中心里求职者排成长龙，这样的工作似乎是痴心妄想。然而，34国经济合作与发展机构的数据显示，社会企业在兼顾盈利的同时，致力于提高社会和环境条件，其经济增长速度比其他行业快250%。[7]

不妨试想一下，你在三个平行宇宙里。在每一个宇宙里，你都可以用未来一整年的时间去尝试一份工作，而这份工作汇集了你的才能与世界的需要。哪三份工作是你迫切想尝试的？

先行动起来，以后再考虑

人们换工作时，犯的最大错误就是遵循传统的"先计划再实施"模式。首先，列出个人优点、缺点、抱负，然后找出和你的资历相匹配的职位；这时，你才开始发送求职申请。然而，这么做有一个问题：你的简历很可能会石沉大海。当然，如果你不在乎自己的期望能否实现，你还可能找到一份新的工作。

与其瞻前顾后，不如行动起来。我们应该先行动再思量，在现实世界中尝试，比如实习、义工或非正式工。实践出真知。劳拉·范·巴切特送给自己的30岁生日礼物就是用一年的时间去尝试30种不同的工作——这是一个"激进的长假"。她当过猫旅店的经理、欧洲议会的影子内阁成员，后来她发现从事广告行业令她前所未有地兴奋。

挑战自己：你在人生的第一个岔路要走向哪里？若想使之成为现实，第一步你该怎么做？

疯狂一点儿

换一种职业，前景堪忧：半数想辞掉现有工作的人都是因为太害怕，才没能付诸行动。[8] 换工作做有风险，这是不可回避的事实。

问一问那些成功转业的人，他们是如何克服恐惧的。多数人的

回答都有相似之处：到最后，你不得不停止思考，放手去做。这也是为什么几乎所有文化都认同，若想要过上有意义且精彩的人生，我们就必须抓住机遇——如若不然，回顾一生时我们很可能会留有遗憾。

"抓住今日"（Carpe diem），是古罗马大诗人贺拉斯给我们的忠告：把握今夕，莫待时逝方恨晚。用希伯来圣人长者希勒尔（Hillel the Elder）的话说："若非此时，更待何时？"我个人更喜欢《希腊人佐巴》（*Zorba the Greek*）中的一句对白："人需要那么一点儿疯狂，否则他永远也不敢割断绳索，自然也就无法获得自由。"

只有将工作、生活看作是一场不间断的试验，我们才能找到一份足以容纳我们灵魂的工作。

第二部分 幸福实践篇——如何获得幸福

第11章　听从你内心的召唤（哪怕它令你心生畏惧）

尚侬·哈耶斯

我顺利地完成了毕业论文答辩，有三个工作机会任我挑选，那本应是我人生的高潮。但我却十分苦恼，不是在小木屋前踯躅徘徊，就是在农场的山间漫步，有时我还会冲着天空怒吼，有时我甚至会哭泣。鲍勃和我狠狠地吵了一架，我们从没这样争吵过。

事情其实很简单。我不想做我花费多年努力换来的工作。

"我以为这是你想要的！见鬼！那你为什么要用四年的时间去康奈尔念大学？我们干嘛要经历这一切？你说啊！那你为什么要说这是你想要的？"

我该怎么回答鲍勃？告诉他，因为我不知道还有什么办法能让我离家近一些，同时挣到我认为我们需要的钱？因为我过去认为务农没有将来？因为我唯一能想到的能证明我能力的方法就是去一所能够给我钱的学校？

"你想要什么？"

"一边写作，一边务农。"

"那就这么干吧。"

"但我们需要钱。可我不知道该怎么挣。"

其实,我知道。我家世世代代都在这片土地上耕作、生活。迄今为止,只有我们这一辈会认为这片土地养不活我们。我们的邻居就是生活在这些布满岩石的山坡上,他们欢声笑语,他们互敬互爱,而且他们还有四位数的收入。然而,我觉得在这样的山坡上生活,我们得有六位数的收入才行。不知从哪天起,我不再相信前车之鉴,却开始认同美国现代文化的中心迷思之一,那就是,为了能够享受舒适生活,一个家庭需要一沓沓的钞票,所以夫妻二人都得去工作。

是什么变了?为什么我要相信生活需要如此之多?这个问题困扰着我。回想我们这一代人的成长经历,媒体上不停地宣扬富有能换来尊重、幸福和满足。我们听过一次全国对话,它预言了家庭农场的终结。这些信息动摇了这种生活方式带给我们的安全感,我们开始质疑我们自己的经验。

毕竟,我是在邻家的农场工作长大的。我们有超棒的正午盛宴,房子在冬天也很温暖,当有人遇到困难时也总能捐出一点儿闲钱。我们还烤过很多的派,免费捐给本地的教堂义卖。那年,我二十四五岁的样子,还没意识到我们就靠着那么一点儿钱过活。

我在纽约州西富尔顿长大,我家仍旧在务农,这里的很多人都是这样生活的。现代工业的耕作科技在我家乡陡峭的山坡和寒冷的山谷里根本派不上用场。为了生存下去,邻居们一定要尽量生产他们需要的一切,再买一些他们在家种不出也造不出的东西。他们种

第二部分 幸福实践篇——如何获得幸福

植并储存食物，他们缝补衣服，他们还自己动手修缮农场。

　　最终，鲍勃和我入股我父母经营的原生态肉厂。现在，我们和很多人一样，在这里工作，帮忙建设本地的可持续食品系统，这个系统能让我过上衣食无忧的日子。谨记邻居们的经验，我们认定生存的关键就是尽量多的生产，并且只买我们必需的。尽管饲养并售卖肉类能让我挣钱，但是我们还是会用肥肉炼油做肥皂，还会为过冬存储秋收的食物。我们不再各自外出花钱享乐，现在我们有更多时间在家里和邻居好友们小聚。每年4万美元的收入，让我们和两个孩子过得十分安逸，这跟我们当年设想的六位数的收入相距甚远。

　　能够到我父母的土地上生活，是我和鲍勃的幸运。我们很感谢他们还有附近其他农民的帮助，有了他们的分享，我们才从容地过渡到了现在的生活。但是，一家农场还远远不够。全国各地各行各业的美国人正在家中采取措施，不论是在农村，还是在城镇，抑或是在郊区。即使没有土地，人们也想方设法让他们的家从消费单位向生产单位转变。他们步行或骑车，而不开车；他们自己做饭，而不出去吃快餐；他们弹奏乐器搞艺术，而不去购买大众媒体上的娱乐；他们储存本地农场秋收的庄稼，而不从工业化食品体系中购买包装食品；他们在公寓里酿造啤酒；他们学会如何自己修理马桶和汽车；他们缝补衣物或是废物利用；他们和邻居们置换自己不能生产的东西和劳动。

　　美国民众掀起了一场蓬勃发展的新家庭经济运动。通过这场运

动,人们能与家人们共度欢乐时光,生态足印大幅减少,从原来的一家人外出工作赚钱养家,转向在家庭工作来养活家人。在这种新型家庭经济下,一家人可以有尊严且快乐地度过经济困难的日子,人与人之间的关系更加密切,孩子们能有更多机会接触生命系统。

第12章 与爱的人共享美食

凯瑟琳·古斯塔夫森

加西亚-普拉特家（GarciaPrats）的十个男孩每晚都会聚在一起共进晚餐，他们分享的不仅是餐桌上的饭菜，还有一天当中的成功与挫败。年长的为年幼的切开牛排。他们讨论着彼此在世界杯上支持的球队，一次谈话变成了一堂即兴的地理课。

他们的母亲凯西是《好家庭不会碰巧出现：我们从养育十个儿子中学到的》一书的作者，她在书中讲述了她如何将晚餐做得既温馨又诱人，如何使餐桌成为儿子们愿意逗留的地方。[1]"我家的哲学就是晚餐不仅要喂饱你的身体，更要喂饱你的思想和灵魂。"她在得克萨斯的家中通过电话告诉我，"晚餐时间使我们有机会分享生活，并有幸参与彼此的人生。"

如今，加西亚-普拉特这样的家庭已经成了少数。根据2011~2012年（美国）国家儿童健康调查显示，只有不到一半的美国人能够每天和家人共进晚餐，该统计强调指出，我们的生活节奏和快餐文化已十分危险。[2]不断增长的经济压力只会加剧这些文化趋势。为了负担基本的生活，许多家庭被迫从事两份工作，人们只剩那么一点点的时间慢下来吃一顿晚餐。

可是,住家饭的缩减所造成的危害恐怕比我们意识到的要严重得多。"我们的生活实在是太忙太乱了,但如果你不为家庭留出时间,我想你恰恰迷失了方向,"加西亚-普拉特说,"那么,你们就只是在同一屋檐下生活的个体罢了,而不再是一家人。在一个家里,家人们相互依赖、相互支持。"

晚餐与幸福

当体验食物计划(the Experience Food Project)将学校餐厅的加工食品替换为新鲜健康的食品后,大厨汤姆·弗伦奇问一位学生感觉如何时,她给出的竟是意想不到的回答。

"她认真地思考了一阵,"他在电话中告诉我说,"然后答道:'你懂的,我感觉受到了尊重。'"

弗伦奇深信,给孩子们准备优质的饭菜,比给他们上一堂营养课更重要。给孩子们做饭能够体现对他们的重视。这也是为什么体验食物计划要教导家长教师委员会的父母们住家饭的重要性,并帮助他们制定合理的用餐时间。

弗伦奇说,有"堆积如山的统计数据"能够体现住家饭的益处,如更好的沟通、更优异的学习成绩,以及不断改善的用餐习惯。一家人共进晚餐能促进家庭的凝聚力,增加孩子学习的主动性,使孩子看上去更加积极乐观,同时有效避免孩子发生高危行为。哥伦比亚大学药物中毒与药物滥用研究中心（The National Center on Addiction and Substance Abuse，CASA）的研究显示，经常和家人一起吃饭的青少年吸烟吸毒的概率是那些很少吃住家饭的孩子的一半。[3]

家庭聚餐对青少年适应社会有着十分重大的影响，故而CASA推出了第一个一年一度的家庭日，鼓励家长与子女一起用餐。这一天被看作是"父母对子女的承诺"，频繁的家庭聚餐能有效帮助美国儿童远离药物滥用。奥巴马总统正式宣布，2010"家庭日"为"全国所有儿童未来的健康与幸福创造了坚实的基础"。[4]

美国全国各地的社区都举办了"家庭日"庆祝活动，有些社区甚至搞起了"家庭周"活动。每个家庭都在用自家的方式欢度家庭日——组合匹萨、野餐、做CASA家庭聚餐套装（Family Dinner Kit）里的活动，或是去家庭日特惠餐馆庆祝。

美国卫生、教育与福利部前部长、CASA创始人兼主席小约瑟夫·A.卡里法诺表示，这些活动能够唤起人们的重视，家庭聚餐有助于巩固家庭成员之间的关系。"青少年越是经常和父母一起用餐，他们越有可能告诉父母自己的生活中发生了什么事情。"卡里法诺在一次新闻发布会上说，"在如今这样过度繁忙的世界里，能够花时间享受家庭聚餐对孩子的成长有很大影响。"[5]

家庭聚餐还有助于儿童语言表达及情商的发展。[6] 在餐间对话中，孩子能够学习如何清楚地表达他们的经历与感受，以及沟通的礼仪——无论是有礼貌地要某一道菜，还是讲述在学校里的一天。

研究显示，有良好认知技能、情绪表达技能和冲突协商技能的儿童通常经历的苦痛感更低、行为问题更少、在校态度更积极、学习成绩更优异。[7]

无国界的大杂烩

随着家庭不断多样化与多元化，人们必须成功越过文化差异与代沟，因此寻找家庭联系的纽带变得愈发重要。"人们不辞辛劳地努力调和文化与年龄的差异。"弗伦奇表示，他就是由曾祖母带大的。

在餐桌上分享每天的喜与忧，能使形形色色的家庭从中受益。2010年的一项研究显示，成长在低收入的城区多元家庭，并经常与家人一起用餐的青少年，在和父母沟通的过程中有更积极的认知。混合家庭和继亲家庭会发现晚餐时间能够强化这个新生且脆弱的家庭纽带。混合多种文化的家庭能够分享特定的传统与菜肴——用弗伦奇的话说，就是"将一代人的文化DNA"融入家庭纽带。

正如加西亚-普拉特看到的那样，晚餐时间可以用来庆祝一家人的不同。"我们在家庭中学习尊重差异，"她说，"如果我们没能学会如何尊重家人们各自的独特之处，我们很难去尊重其他人的宗教、种族或是文化。这也是我家的哲学之一：在这个家里，我们是12个独特的个体。"

晚餐时，我们通过分享食物与生活中的故事来弥合彼此之间的差别。我们每天在餐桌上共度的时光为它奠定了基础。无论你管它叫什么——手足情、交流尊重、文化弥合——但它至少如加西亚－普拉特所说，它"不光是关于食物"，它是如何用食物把我们联系在一起。

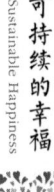

第13章　选择感恩

杰里米·亚当·史密斯

我不擅长感恩。我有多不擅长？我真的很不擅长。当我骑着车在街上，多数时候我注意不到阳光洒在伯克利的橡树叶上。我记不得对每个工作日清晨为我手工冲泡咖啡的伙计说谢谢，我甚至不知道那哥们儿叫什么。

我常常认为很多事都理所当然，我有双腿可以行走，有双眼可以亲见，有双臂可以用来拥抱我的儿子。我把儿子忘了！我能记得接他放学、给他饭吃的。但是，我忘记了一直以来他是如何将我的生活变得更好的。

感恩是件心理工具，用来提醒我们美好的事物。感恩是个滤镜，帮助我们看清哪些事情不必列入我们待解决问题清单。感恩是支红色的画笔，用来标记那些看不见的恩赐，比如整洁的街道、健康或是充足的食物。

感恩并不能消除问题与威胁。我们可能会丢掉工作，我们可能会在街上遭到袭击，我们还可能会生病。我经历过所有这一切。我记得这些突如其来的不幸：我的心跳加速、喉咙收紧。正是那时，我需要感恩。

一项心理研究指出，只要我做得足够多，感恩将成为一种习惯。[1] 这能提高我在艰难时期的心理适应力，也能令我们在好日子里更加快乐。

真心感恩的人会做以下事情。

每隔一段时间，他们就会思考死亡与失去。

很多研究都表明，沉思人生的结局能使你更加感恩现有的人生。

当阿莱西亚·佛阿萨和同事问及人们是如何看待自己的死亡时，他们的感恩之心激增。[2] 无独有偶，当古明勇和同事问及人们如何面对爱侣突然从他们的生命中消失时，他们对伴侣的感恩之心上升。同理，当人们想象一些从未发生过的好事时也如此，比如升职。

这绝不是纸上谈兵：当你发现自己假定取得某一美好事物时，试着用一点点时间放下。[3] 研究员乔迪·霍尔迪巴克和伊丽莎白·杜恩请 55 个人各吃了一块巧克力，事后他们告诉第一组人一周内不要吃巧克力，告诉第二组人想吃多少巧克力就吃多少，告诉第三组人按自己的情况办。

猜猜看，哪些人最快乐？根据个人报告，那些禁食巧克力的人最开心，而那些尽情享用巧克力的人最不开心。

他们花时间去闻玫瑰的花香。

他们还闻得到咖啡的馥郁、烤箱里诱人的面包香，以及新车的清爽——无论哪种味道，都令他们觉得享受。

洛约拉大学心理学家弗莱德·布莱恩特发现，品味积极正面的经历能令这些经历粘贴在你的大脑里，并且能够促进你的心理健康——他认为，关键是要表达感激。这是赏识与感恩之情得以传递的一种方式。[4]

你还应该考虑为你如何体验身体上的愉悦感增加一些仪式：《心理科学》杂志上刊登的一篇研究发现，祈祷以及哪怕只是摇晃糖包的仪式"都能使人们更重视食物，而重视食物能使食物尝上去更加美味"，这和艾米丽·纽曼在网络杂志《至善》（该杂志隶属于加利福尼亚大学伯克利分校的至善科学中心）发表的文章中表示的一样。[5]

他们将喜事视为上天的恩赐，而不是与生俱来的权利。

与感恩相反的是什么态度？理所应得——感觉好像是人们欠你的一样，只是因为你很特别。

"在所有的表现中，太过自我会使我们忘记我们得到的恩惠和那些施恩的人，又或者感觉别人欠我们的，所以没理由言谢。"至善科学中心扩大感恩项目的联合主管罗伯特·埃蒙斯在书中写道，"这样的人根本不会知足，他们的抱怨总比得到的多。"[6]

埃蒙斯认为，要想改变理所当然的观念，就必须认清我们不是被自己造出来的——如果我们不是进化而来，那就是上帝造的；又或者不是上帝，那就是我们的父母，总之我们是被创造出来的。同理，我们永远无法真正自给自足。我们需要他人为我们种植粮食、治愈伤痛；我们需要爱，因此我们需要家人、伙伴、朋友，还有宠物。

"若要用感恩的眼看世界,我们就得在施与受之间不断转变,"埃蒙斯还写道,"谦逊的人说,人生不是索取,而是令人感恩的礼物。"[7]

他们感激的不只是事,更感激他人。

GGSC科学主任艾米丽安娜·西蒙-托马斯在文章中指出:"强化与他人间有意义的经历——比如注意到他人是如何帮助你的,对此表示感谢,并品味你是如何从中受益的——能够在欢乐与回报的良性循环中,促进信任与慈爱之心。"

所以,跟我的儿子说谢谢,可能会使他更快乐,而这也能加强我们之前的情感纽带。对给我冲泡咖啡的哥们儿说谢谢,能加深我们相互之间的了解。

他们的感恩深刻具体。

心存感恩的人习惯表达得更具体。他们不说:"我爱你,因为你是那么的无与伦比!"相反,真正善于感恩的人会说:"我爱你,因为当我饥肠辘辘时,你会为我烙饼;因为当你也很疲惫时,还会为刚下班的我按摩脚底;因为当我悲伤时,你会把我抱紧,让我好起来。"

其中的道理十分简单:这样去表达感恩感觉更加真实,因为这样体现出感恩者十分重视而不是简单地走过场。他们的感恩会感激他人的用意、感激他人的付出,并描述获得的益处。

埃米·戈登和同事在研究伴侣之间的感恩时发现,夫妻间通过更加细心、更加贴心的行为来表达感恩之情。他们问一些澄清性的

问题；遇到困难时，他们彼此拥抱；得知好消息时，他们回以微笑。戈登表示："这些行为能产生深远的影响：在实验过程中，更懂得聆听的一方更受伴侣的感激。"

他们的感恩打破常规。

让我们干点儿实在事儿：烙饼？按摩？拥抱？这些都太简单，甚至让人觉得乏味透顶！

意志坚强的人会感激这些人：甩掉了她的男友、乞讨零钱的流浪汉、解雇了他的老板。

从基本感恩向高级感恩进阶时，我们学会了关注。鉴于我还处于感恩的初级阶段，就让我再引述一下埃蒙斯博士的话吧："对喜事心存感恩很容易。但是没有了工作，或是没了家，又或是没了健康，任谁也不会'感觉'庆幸。"

他说，在这样的时刻，感恩就成了一个很重要的认知过程——一种理解世界的方式，它能够帮助我们将灾难转化成跳板。如果我们愿意且能够用这样的方式去看待，我们就有理由去感谢那些伤害过我们的人了。我们可以感谢前男友有勇气结束一段难以维系的感情；我们可以感谢流浪汉让我们想起我们的优势与弱势；我们可以感谢上一任老板强迫我们面对新的挑战。

用感恩的滤镜看待经历并不是用"肤浅的幸福学"掩盖伤痛。

"相反，这意味着你意识到了你所拥有的力量，因此，你能够将障碍转变成机会，"埃蒙斯在书中写道，"这正是塞翁失马焉知非福的道理，用感恩的心将负能量化作正能量。"

第三部分

可持续幸福与充满爱的社区

荷兰 | 羊角村

简 介

马丁·路德·金常把"充满爱的社区"挂在嘴边,那是一个没有贫穷、没有饥饿、没有种族歧视也没有战争的社会愿景,那里充满爱、共享、信任、和平与正义。"正是这种理解能够将旧时代的阴霾转变为新时代的喜悦,"他在1956年题为《直面新时代的挑战》的演说中说道,"正是这种爱能实现人类心中的奇迹。"[1]

这一愿景对帕娜妮·博格斯有极大的启发,博格斯是夏威夷土著活动家、禅宗祭司、社区调解人,她开发了一种团队方法,被称之为"构建充满爱的社区"。她会问:"如果我们能够真正地看到并尊重他人的天赋,世界会是怎样?"(详见第14章)

奥克兰青少年恢复性司法机构联合主管法尼雅·戴维斯在第15章中介绍了学校的恢复性司法体制。多年来一直在加利福尼亚州奥克兰市与学生打交道的她,十分注重学生们的价值与尊严。在她的帮助下,通过恢复性司法的疗愈式方法,而不是严苛的处罚,打破了学校-监狱管道造成的贫困与痛苦的循环,给了都市青年拥有可持续幸福的机会。

构建社区从邻里关系开始。作家约翰·麦肯奈特和彼得·布洛克描述了当社区里的能人所分享的技能与想学技能的人的需求相匹配时的情景（详见第16章）。

在居民区，人们走出各自的家门，在公共的空间里建立起联系、信任和社区福祉。在第17章中，平民运动策略中心的资深研究员杰伊·沃贾斯博向我们揭示了合用房、共享庭院以及微缩花园是如何增进睦邻关系的。

在第18章中，电影制片人帕维特拉·梅赫达给我们讲述了一个提供免费饭菜的预付费餐厅的故事——请你来为下一位客人的菜肴买单。行善使人感到快乐，并且能够激发更多善举，从而形成可持续的幸福。倘若没能将自然世界计算在内，我们充满爱的社区根本算不上完整。国际知名科学家、作家、社会活动家范达娜·席瓦呼吁我们认清生命网络中所有物种的权利。"大自然……教我们满足：如何以公平为准则，共享大自然的恩赐。"席瓦在第19章中说道，"消费主义与聚敛累积的终结正是快乐生活的开始。"

从街坊邻居到身边的生态系统，可持续的幸福意味着完全融入所有生命的充满爱的社区。

第14章　天赋的故事

帕娜妮·博格斯

我是一名司仪兼调解人,我用"构建充满爱的社区"的方法帮助人们与他人相互交谈。

多年来,我为我的族人(也就是夏威夷人民)争取权益,从中得出了这种方法。当我成为禅师后,我意识到所有人都是我的族人,也意识到我有责任去关爱他们所有人。

凭借这一方法,我帮助人们进入身体深处——肚脐(piko)之下的 肠道(naíau)。我们要通过一个仪式来完成这个部分,宗教的形式能有助于整个过程平衡顺畅。这是一个安全的地方,在这里我们视彼此为人类,在这里我们培养对彼此的好奇,在这里冲突能够得以蜕变。我曾经用这种方法在狱中的妇女、政府官员及社区代言人身上寻找共同之处。

在这一过程中,我会请人们讲三个故事。

首先是你姓名的故事。这不能是简单的自我介绍,在这个故事里,你要谈一谈你的家庭、你的族人,还有你们的历史。你还要分析一下你对自己名字的感受——谁给你起的名字?你的名字又有什么含义?

第二个故事要讲一讲你的社区(无论你如何定义"社区")。是什么人构成了这个与你相关的团体。

最后要讲的这个故事对多数人而言都是最难的,就是要说一说你的天赋。故事讲的不能是你的技能、经历、学位或是头衔。这个故事讲起来会让很多人感觉不自在,因为讲天赋听上去像是在自卖自夸。

但这个故事十分重要,它能使人们去思考,如果这不仅仅是一种能力,更是一种天赋,他们的家庭、工作单位或是社区会是怎样。

有一次,我给本地中学的一组学生做这个实验。我们围坐一圈,有位男同学把前两个故事讲得非常好,但该讲第三个故事时,他却问我:"什么?女士,您认为我能有什么天赋啊?我读的是特殊教育班,我阅读很吃力,数学也不行。您为什么要拿这样一个问题来羞辱我?您这又算什么天赋?如果我有天赋,您觉得我还会在这里么?"

说完他就停了下来,而我却感到万分羞愧,真想找个地洞钻进去。在我运用这套方法以来,我从没羞辱过任何人啊。

两周以后,我在超市买东西时又看到了他,他当时背对着我,站在下一排货架的尽头。我本应推着购物车往他那边走的,但是我的心却告诉我:"不,我还是别过去了。"于是,我赶忙向后退,想尽快逃走。然而这时,他却转过了身,看到了我。他热情地对我

说:"阿姨!您知道吗,我一直在想您。这两个礼拜我一直在思考,'什么是我的天赋?什么才是我的天赋呢?'"

"那很好啊,你有什么天赋呢?"

他说:"您知道,我绞尽脑汁左思右想,我数学不好,阅读也很费劲,但是阿姨,当我在海边的时候,我能把鱼喊来,鱼每次都会过来。每次,我都能为我家的餐桌上添一道菜。每次!而且有时当我站在海边,鲨鱼会游过来,它看我,我看它,我会告诉他:'叔叔,我不会拿走很多鱼。我只要给家里人带去一两条鱼就好。我会把其他的鱼都留给你。'鲨鱼会说:'嗯,小子,你很酷。'我对鲨鱼说:'叔叔,你很酷。'然后,我和鲨鱼就各奔东西了。"

看着这个男孩,我知道他是个天才,我的意思是说他绝对有渔夫的天赋。但是,在我们当下的社会里,按照学校现在的运作方式,他只是个废物。他被彻底地毁了,完全没人欣赏。所以,当我和他的老师还有学校校长谈话时,我问他们,如果课程表是按照天才制定的,他的人生将会是怎样的?我们是否能够看到每个孩子的天赋,并围绕他们的天赋教学?如果我们的社会是建在天赋的基础上,又会是怎样?如果我们能够真正地理解每个社群的天赋,并能够给予支持,那又会怎样?

第15章 治愈，而非惩罚

法尼雅·戴维斯

在加利福尼亚州奥克兰市，一个名叫汤米的14岁中学生正在学校的楼道里声嘶力竭地咒骂他的老师。几分钟前，在教室里，老师要他把头从课桌上抬起来并站直，当她第二次这样要求时，汤米管老师叫了声"贱人"。奥克兰青年恢复性司法部门（Restorative Justice for Oakland Youth，RJOY）的校方调解员埃里克·巴特勒听到吵闹声后立即赶到事发现场，校长也闻讯而来。尽管巴特勒试图与汤米交谈，但处在暴怒之中的汤米根本听不进去任何说话。他甚至挥拳去打巴特勒，幸好巴特勒闪避及时。校长掏出对讲机通知保安，并气愤地说汤米会被停学处分。

"就算停学我也无所谓！我什么都不在乎！"汤米大声反抗。巴特勒请求校长不要给汤米处分，允许他尝试对汤米使用恢复性辅导方案。

巴特勒立即联系汤米的母亲，但这一举动却再度惹恼了汤米："别给我妈打电话！找她也没用，我也不在乎她！"

"一切都还好吗？"巴特勒关切的语气使汤米发生了明显的

转变。

"好!一切都好得很!"

"出什么问题了吗?"巴特勒追问。汤米并不信任他,所以他什么话都没有说。"嘿,小子,你刚刚冲我打了一拳,我可没有还手。我是在尽力帮你留在学校。你要知道,我是不会伤害你的。来我的教室吧,咱俩聊聊。"

他们一起走进恢复性司法室。慢慢地,汤米打开了话匣子,说出了压在他心底的话。他的母亲本来已经成功戒除毒瘾,最近却又复吸了,而且她已经三天都没回过家了。这个14岁的孩子每晚回到家都见不到妈妈,家里只有两个年幼的弟妹。他尽力地维系着这个家,早上他要给弟弟妹妹做早饭,还要送他们上学。那天上课时,他趴在桌子上是因为他实在太疲惫了。

校长听说了汤米的事情以后说:"我们差一点就停学处分了这个本该嘉奖的孩子。"

巴特勒找到了汤米的母亲,做了一番工作,调解了她、汤米、老师和校长之间的矛盾。借用这种起源于原住民部落传统,每个人就同一问题轮流发言。一个接一个,发言人要有感而发,并打心底里尊重他人。而其他人要认真倾听,由衷尊重发言人。

汤米拿起发言信物后,他讲了自己的故事。事情发生的那天,他并没有睡着,那时他又饿又害怕,他觉得老师一直在挑他的毛病,他失去了理智。汤米为此而道歉。随后,汤米将发言信物递给了他的老师,请她来讲她的故事。

不久之前，另一名学生出言侮辱了她，她很怕汤米再来一次。尽管她很喜爱教师这份工作，但是汤米事件使她萌生了辞职的念头。汤米为他的情绪失控再一次道歉，为了补偿他的过失，他提出在未来几周里利用放学以后的时间帮助老师处理杂务。而老师也表示，如果今后她再发现有同学趴在桌上，她会更加有耐心。

汤米的母亲也担起了责任，向儿子和在场的所有人致歉。她听从了学校戒毒所咨询师的意见，专心接受治疗。经过一轮的发言和后续跟进，汤米的家庭生活、学习成绩以及行为举止都有了进步，老师也继续留在了学校。

修复，而非惩处

纳尔逊·曼德拉有句格言："我消灭敌人的方法就是把他们变成朋友。"这也正是恢复性司法（RJ）的理论内核所在。恢复性司法的特质在于将有直接冲突的人们有目的地聚在一起，特别是受害人和加害人。通过精心准备的面对面的交流，彼此相互尊重。无论他们之间有怎样的差异与矛盾，都要用心聆听、真心倾诉。发言信物是一个有效的均衡器，它能使每个人的发言都被听清并被尊重，不论是警官、法官，还是一个14岁的少年。如果学校按照常规给汤米停学处分，并不能治愈这个孩子，而只会造成再一次的伤害。惩罚性司法的核心问题是违反了哪条法律法规？是谁犯了法？而犯法者该受到怎样的惩罚？这是在用伤害回应伤害。然而，恢复性司法

关注的则是谁受到了伤害？受害人有什么需求？而这些需求该是谁的责任与义务？重点是如何解决并治愈伤痛。

如果遵循惩处的原则，那么就没人会听到汤米的故事了，他的需求自然也不会得到满足。如果汤米被停学，那么他的暴力倾向及被拘禁的可能性会大幅增加。停学处分很可能会加重对各方的伤害——对汤米、对老师、对他的家庭，最后是他的社区。听不到汤米的故事，老师也可能会放弃教学，并且无法摆脱心理的创伤。

如果汤米被停学，且无人监管——正如大多数停学的孩子一样——他返校后学习很可能会落下一大截。困在一所资源不足的学校里，没有足够的课业指导与心理辅导，汤米可能很难赶上来。根据一项国家研究，汤米在高一时辍学的概率是从未被停学的学生的三倍。

更糟的是，一旦汤米辍学，他日后被监禁的可能性会增加至三倍。疾病控制中心的一项研究显示，学生中学时期的社区归属感是保护他远离暴力与监禁的第一要素。全美75%的犯人都是中学辍学的。

● 让孩子脱离司法管道

从学校到监狱的管道指的是用惩处定罪替代教育青少年的方法。排斥性处罚政策（例如停学、开除和校内禁闭）的应用正在不断增长，即使只是轻度违规。据美国民权办公室的数据显示，类似的违规行为,黑人学生的停学率是白人学生的三倍。[1]

奥克兰青年恢复性司法部门除了召集类似的恢复性司法循环活动,还利用循环活动积极加强人际关系、打造校园沟通文化,从而减少危害发生的可能性。

如今,在奥克兰青年恢复性司法部门的一所学校中,学生的被停学率比两年前下降了74%,暴力事件比上一年度下降了77%,不同种族不同处罚的现象也逐步消失了。

一些年轻的奥克兰中学生曾经考试不及格,还受过监禁处罚,根本不指望能毕业,最终不仅顺利毕业,加权平均分还取得了3.0以上的好成绩(译者注:相当于百分制80分以上,可申请奖学金),一些学生还成了毕业典礼上的班级告别演讲代表。通过进行调停循环,曾经敌对已久的女孩儿们成了朋友。学生们不再打架殴斗,他们选择去恢复性司法室,要一件发言信物并开始团体会议。一些青少年称,他们回到家也会和家里人进行团体会议。学校毕业生也会回学校,请求进行团体会议,用以解决校外发生的冲突。

奥克兰被视为全美最暴力的城市之一。然而,今天数以百计的奥克兰学生正在学习一个新习惯。他们不再诉诸暴力,转而选择恢复司法程序,受害人和加害人在一个安全的环境下,促进相互沟通,增加彼此的信任与尊重,提升深层次的社团意识,治愈伤痛。

第16章　隐藏在你身边的宝藏

约翰·麦肯奈特　彼得·布洛克

当家庭成员之间无法良好地共事或共同生活时，我们称之为家庭功能失调。然而，一个家庭真正的问题是其家庭功能的丧失。

消费社会为功能健全的家庭画上了句号。我们通常只是将消费主义视为购买我们不需要的物品；事实上，它有着更深刻的内涵。消费主义的核心其实是所有的愿望与诉求都能够通过消费行为实现——从幸福到疗愈，从爱情到欢笑，从抚养子女到临终关怀。曾经是家庭和社区的职责，如今全都被外包了出去。玛莎姑妈有些健忘？小亚瑟好动不安？给他们挂个号、开点儿药。

这些工作的外包使得家庭失去了处理必需事务的能力——家本应是抚育子女、维持健康、照料伤痛、确保经济安全的主要场所。除了家庭，社会以及街道片区曾经也能提供延展性的支持系统，协助家庭发挥所有基本功能，如今却也不能胜任了。我们寄期望于学校、教练、机构、社工、假释官、保姆和托儿所来养育我们的孩子。原本社区街道的效能如今只能靠市场来提供。

外人在养育孩子

古老的非洲大陆上流传着这样一句谚语："培育一个孩子需要一村人的努力。"美国多位领导人也将这句谚语当作一种信仰般不断重复。然而，我们的孩子们大都没有一村人来抚育。取而代之，在学校是教师和辅导员在培养我们的孩子；在校外，是青少年辅导员和教练；如果孩子离经叛道，就要靠青少年心理治疗师和修正法官员；空闲时，陪伴他们的就是电视、电脑和手机；如果饿了，养育他们的就是麦当劳了。这意味着什么？人们花钱请来专业人士并购买电子玩具来填补那些原本属于家庭和社区街道的活动。

直到20世纪，教育孩子的基本理念还是让他们跟随有能力的成年人学习技能、传统与习俗，使之成长为有用的人。青年人从社区和工作中学会照顾老人和孩子、为家庭琐事奔波、帮忙养家糊口。当他们长大成人，就能够一边抚育下一代，一边赡养那些曾经抚育过他们的人。

我们现在所知道的是，最具功效的本地社区是那些社区和居民都能发挥传统作用的社区。关于这一点的研究是十分肯定的。哪个社区的关联"活跃"，哪里的儿童发展就会积极正向，健康水平提升，环境永续发展，人们更加安全，地方经济更加繁荣。

唤醒家庭与社区的力量

创造一种以社区为基础的生活方式，从中寻求满足。即使我们被消费文化包围，我们只要能表现出已经拥有所需要的即可。我们有天赋、有组织机构，也有能力去替换我们的消费习惯。我们可以转移注意力，朝着建设我们的家庭和社区功能而努力。

下面这个故事取材自真人真事，每个人物都是我们曾经服务的对象，他们来自世界各地。

娜奥米·阿勒西奥和杰姬·巴顿在小区里散步，一路上她们聊着工作、饭菜、课程、学校，特别是孩子。娜奥米说，最近她的儿子塞隆有了不小的转变。

去年夏天，塞隆经过汤普逊先生的金属制品店时，他从敞开的大门望向店内，老人热情地邀请他进门。二人有种不谋而合的感觉。从那天起，塞隆每天都会去汤普逊先生那儿待一会儿，后来他开始带回一些他做的金属小玩意儿。

娜奥米能够看出塞隆的转变，而塞隆也为他的手艺感到自豪，因为汤普逊先生甚至会付钱请他制作一些东西了。娜奥米说她终于不再为塞隆放学后会做什么而担忧了。可是，杰姬却说自己的儿子阿尔文遇到了麻烦，她问娜奥米她们社区有没有什么人的技艺可以让阿尔文感兴趣。

葛雷德·丽莱擅长钓鱼、山姆·怀特利会吹萨克斯风，但她们知道的仅此而已。于是，她们决定去问一问社区里所有的邻居，问问大家都有什么兴趣与技能。汤普逊先生同意陪她俩一起去。

拜访社区里所有的住户，足足花了他们三周的时间，但他们却惊讶地发现，街坊邻居的技艺竟如此丰富，足够令社区里所有的孩子去挖掘探索：有人会杂耍，有人会烧烤，有人会狩猎，有人会理发，有人会打保龄球，有人懂探案，有人会写诗，有人会修车，有人会举重，有人擅长合唱，有人会教狗耍把戏，有人擅长数学，有人懂祈祷，有人会吹小号，有人会打鼓，有人会吹萨克斯……其间，又有三位热心邻居——查尔斯·威尔特、马克·萨图尔和索尼·雷德——加入到娜奥米、杰姬和汤普逊先生的队伍。他们六个人一起访问社区里的孩子，了解他们的兴趣需求。

事后，马克说起他遇到的一个孩子懂电脑。既然如此，为何不问问孩子们都会些什么呢？这样一来，他们就可以把大人和孩子对应起来，正如他们当初设想的要把孩子和大人配对一样。最终，他们列出了22件青少年会做且成人们也可能会感兴趣的事。

这六位热心的邻居称自己是"月下老人"（the Matchmakers）。随着经验的积累，他们开始帮志趣相投的邻居们创建"兴趣小组"。园丁小组彼此分享园艺技巧，他们还向四个家庭展示如何打造花园——其中一家竟然是屋顶花园。几个认为经济不景气的人建了一个网站，邻居们可以把所知的招聘信息发布上去。为了做出特色，他们还从社区里物色人选为网站拍照，并逐步开放了邻居们所需的其他功能。

比方说，茱莲妮·卡斯就在网站上发布了一首她写的诗，并询问社区里还有没有其他诗人。结果发现，社区里有三位诗人。从此，他们一起喝咖啡、一起分享创作，并在网上发布他们的作品。

十一位成人和孩子组成了一支社区乐队；社区里的歌手们组建

了一个唱诗班，领头的是80岁高龄的莎拉·恩斯利，她唱了一辈子的歌。

警官查尔斯·道斯组织成人和年轻人建立了一支安全卫队，为社区的每个人提供避风港。

利比·格林已经在这个社区住了74年了。"月下老人"请社区里的两个年轻人——莱诺尔·曼斯和吉米·卡德维尔——将利比和这个社区的故事写下来，并发布到网上。

后来，莱诺尔决定为社区里的每个人写家族史，她还请了吉米和闺蜜兰妮·伊顿帮忙记录并收集相关的照片。

查尔斯·威尔特提议"月下老人"为社区的新住户举办迎新会，帮他们与邻居们建立起联系："月下老人"要为每个新住户送上一份社区史，同时了解新住户的家族史、技艺和兴趣。

三年后，杰姬·巴顿在一年一度的社区派对上对社区这几年来的成就做出了总结："我们所做的就是打破所有界限。我们打破了男人之间的界限，我们打破了女人之间的界限。随后，我们打破了男女之间的界限。最重要的是，成人和孩子间的界限、我们和老人之间的界限也都被打破了。破除了所有的界限，我们彼此连接在一起。如今，我们成了一个真正的社区。"

看到身边的宝藏

上面这个故事里的社区是"有能力的社区"，而创造能力要从发觉社区里每个人的天赋开始。家庭的、年轻人的、老人们的、弱势人群的,以及那些问题人士,总之是所有人。我们这么做并非出于利他主义,而是为了创造令人满意的人生。

这能使社会结构更加坚实稳固,能使社区效能更为丰富,能从更多方面为家庭提供支持。只要我们付诸行动,只要迈出一小步,我们就会发现,许多曾经需要付费购买的资源尽在我们手边:缝纫、烹饪、理发、园艺、刷房子、贴墙纸、木工手艺、货车驾驶、汽车修理、会计记账、足球教练、组织能力、艺术才能、视频录制、互联网知识、保健养生、带孩子、陪伴老人或病人……其中很多技艺都能由社区里的老人、年轻人、寡居者或是失业人士提供。

本地居民间的联系将社区打造成亲朋睦邻文化浓郁的地方,从而给予现代家庭很多帮助,而这些帮助过去都是由庞大的家族所提供的。

当我们有能力、家庭功能也恢复时就会发现,社区文化中不断涌溢出善良、慷慨、合作与宽容,而这些正是成就美满人生的核心品质,它会注入社区里的每一个功能健全的家庭。

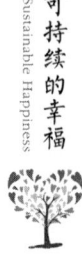

第17章　如何设计令你幸福的街区

杰伊·沃贾斯博

西格蒙德·弗洛伊德称:"生物性即命运。"

但是,如果弗洛伊德今天还活着的话,尤其是在他周游现代城市之后,恐怕他会说:"设计即命运。"

社区的设计方式对我们如何体验人生有着极大的影响。举例来说,没有行人步道的居民区,意味着人们很少步行,因此很难体会到不期而遇的快乐,而正是这样的快乐能使人们养成一种社区精神。可惜的是,人们的睦邻意识正在逐渐流失。

就算你不是心理治疗专家,你也懂得潜移默化的道理。这样的街区设计有碍于人们之间联系的建立,使我们倒退到更加自私的生存方式。与之相反,我们应该鼓励团结、协作,并为共同的利益而奋斗。

新都市化[1]是解决这一问题的著名方案之一。新都市化是一场建筑革命,它在巩固现有社区的同时建设新社区。通过公共广场、前廊、街角商店、咖啡店、社区学校、狭窄街道,当然还有人行便道,扩大社会交换机会。

但是，就在新都市化在社区建设方面大步迈进的同时，我们仍旧宅在家里度过大把的光阴，除了核心家庭成员外，谁也不见。我们如何才能扩大一点社交圈？合作生活和合居社区在当下年轻人群中十分流行。然而，上百万的人们正在寻求更多形式的合并，他们和邻居共享的不再只是一条地界线。

多年来，西雅图建筑师萝丝·查平一直在不断探索，他在作品《迷你社区：在大规模的世界创建小规模的社区》中做了充分展现。[2]

他认为，四至十二个家庭就可以组建一个理想的迷你社区，"可以培养有意义的睦邻关系"。但是，即便在这里，仍旧是设计在塑造我们的命运。查平解释道，当每个人愿意分享"公共之处"时，邻里之间就能发展出最自然、最坚实的联系。

所谓"公共之处"可以是半公共的空间，正如查平在西雅图地区设计的迷你社区。一片片长满青草的绿地就是他们的乐土，那里鲜花盛放，孩子们嬉戏玩耍，大人们驻足闲谈。

查平指出，这些"公共之处"还可以有更多的形式：在马萨诸塞州剑桥市，一栋公寓大楼有共享的后院；在奥克兰市，一帮邻居拆掉了后院的栅栏，创建一块公共用地；在巴特摩尔，某街区的住户们将小巷当作公共场所；在加利福尼亚州曼哈顿海滩有居民步行街；各式各样的公共用地遍布欧洲各地。

结识邻里的五种方法

萝丝·查平

1. 在前院支一张野餐桌，再配一个蔬菜园。

试着在前院吃一次晚餐，看看会发生什么。邻居很可能会和你攀谈起来，那何不邀请他们带上一些食物来一起分享？开垦一小片既大方又美观的苗圃，种一些水果蔬菜。邀请邻居来品尝你家花园的果蔬，打破你们之间的界限。

2. 组织夏季街区百乐会。

在街区的空地燃起篝火！把左邻右舍吸引到一起来。

3. 放一个图书借阅柜。

在门前的便道上放个柜橱，摆上你读过的旧书，和路过的人们一同分享。

4. 携手共建。

做个社区调研，看一看危难之时人们需要多少资源与技能。将结果放置在"应急准备"附近,等等看它是如何建立社区友谊的。

5. 做个好邻居。

关注我们自身的需求很容易,但每天看清一点邻里的诉求却能够带来巨大的改变。如果邻家的老人清晨没能拉开窗帘,过去查看一下。炎热的夏天,在人行道旁为路人们准备一桶冰柠檬水,为狗狗准备一大碗凉水吧。

住在这样的社区里,益处超乎你的想象。我读研究生的时候,就曾住过这样一个社区。那是一排 1886 年的老旧房屋,共用庭院临近明尼苏达大学校园。我和邻居们成了亲近的朋友,而我这一生中再没有过类似的经历。无论是清晨的秋千上,还是午后野餐桌旁,又或是傍晚的聚会里,我们总能不假思索的畅谈。

投机倒把的商人买下了这片房产,他想通过上调人均房租逼走这里的住户,并最终炸毁这里。我们为此组织了一场罢交房租的活动,要不是我们彼此之间早已建立起强有力的联系,我们根本赢不了。负责审判的法官以房东未能修缮房屋为由,宣判房租不得上调。房主只得放弃拆迁计划。如今,这排老房依旧在那里,而我和一些老邻居依旧保持着联络……

第18章　爱心接力餐厅的感恩课

帕维特拉·梅赫达

试想一下，一家餐厅的菜单上没有标价，而菜肴都是来自志愿者的礼物。而餐后，客人们收到的账单总金额为零。

随账单附上的还有一张便条，上面会说明你的餐点是在你之前的客人给你的礼物，如果你想传递这份礼物，你可以为你后面的客人先付款。这家餐厅名叫"因果厨房"（Karma Kitchen）——它真的存在。

2007年，我和其他几位创始人一起在加利福尼亚州伯克利市开办这家餐厅时，我们根本不知道这个计划会成功还是会失败。但是，经过六年多的时间，因果厨房依然有很高的人气。它已经为来自世界各地的人们提供了3万多顿美食。正因有感恩，这一切才得以持续。[1]

令人们不解的是，因果厨房并没有追踪记录系统——我们不监视个体在餐桌上获得多少，又付出多少；我们关注的是给每个人一次真实的慷慨解囊的体验。

因果厨房能够得以经营的道理十分简单，那就是当心中充满爱后,爱就会溢出。感恩会自然地溢出心田,并循环起来。感恩不会静止不前,它能去除业障,进入良性循环。

社会学家乔治·齐美尔(Georg Simmel)将感恩称作是"人类的道德记忆"。感恩使我们同他人联系起来。如果我们的生命中没有了感恩,那所有的关系都将成为无休止的乏味交易。我们变得更期待获得嘉奖,而更少受神秘感所吸引。但是,当我们收到礼物时,我们不必像购物一般精心计算。我们从布满价签的国度迈进无价的国度。这是一次重大的转变。

感恩教会我们什么?

事实上,你在因果厨房"结账"前,根本没法儿得知是谁为你送上了这一餐美食;也不知道谁将会品尝到你提供的这顿饭菜。在这一点上,还是十分有新意的。它渐渐颠覆着我们"等价交易"的思维习惯。它是一个体系,超出任何个人的控制,请人们相信整个机制。有了感恩的支撑,人们才能实现信任的飞跃。在这一过程中,每一位捐赠者都展示出极大的信任。这种信任构建了一个坚韧的网络,使得一批人组成真实的社区。

感恩也充满创意,因果厨房的客人和志愿者们给出了最好的诠释。为了保证因果厨房能够正常经营下去,客人们会出资捐助。但除此之外,从歌曲、诗词、艺术品到精美的杂志和感人的DVD,数以千计的其他形式的捐助摆满了我们的"善行台"。

但是,比起因果厨房围墙内的故事,餐厅外发生的变化可能更为重要。感恩并没有具体的界限,感恩之心会贯穿生活的点点滴滴。它使我们更加善良、更富同情心、更乐于行善。正如一位客人(后来成了志愿者)所说的那样:"我意识到因果厨房把我变成了这样一类人,那就是当我在高速路上看到有车爆胎时,我会停下车帮忙。"

第三部分 可持续幸福与充满爱的社区

第19章　大森林教会我幸福的全部

范达娜·席乞

我所掌握的生态学知识几乎都是从喜马拉雅森林和生态系统中学到的。我的父亲是个护林员，我的母亲在经历了印巴分治大逃亡后当起了农妇，我们一家住在印度喜马拉雅山脚下的加瓦尔。20世纪70年代，我家乡的妇女们就开始了保护森林的运动，那时我还只是个不经世事的少女。伐木造成了山崩和洪水，水源、饲料和燃料严重匮乏。妇女们抱住大树来阻拦砍伐行为，她们说除非杀了她们，否则谁也别想再砍树。

1977年，喜马拉雅山麓上的阿德瓦尼村里上演了戏剧性的一幕，一位名叫巴契妮·戴维的村妇带头反抗自己的丈夫，只因她的丈夫签下了一份伐木合同。尽管林务官抵达森林时是大白天，但妇女们却手提点亮的灯笼。林务官要她们做出解释。女人们回答说："我们想要教教你们森林学。"林务官反驳道："你们这些愚蠢的女人，你们怎么阻止那些知道森林价值的人砍树？你们知道森林都产些什么吗？它们创造利润、松香和木材！"

妇女们齐声唱道：

第三部分 可持续幸福与充满爱的社区

大森林产下了什么啊?

土壤、水源,还有纯净的空气。

土壤、水源,还有纯净的空气。

是她供养着地球和万物。

当我成为一名保护森林的志愿者后,我了解到生物的多样性和以它为基础的生存经济。从那时起,保护它们就成了我今生的使命。不理解生物的多样性及其各种功能正是自然与文化匮乏的根源所在。

无机地球观

自从有了人与自然分离的理论,人类就打响了反地球的战争。工业革命的浪潮更将鲜活的地球一步步推向死亡。单一种植取代了多种种植。"原材料"和"无机物"取代了生机勃勃的地球。Terra Nullius(无主之地,已经准备好被占领,不顾原住民的存在)取代了 Terra Madre(地球母亲)。

这一理念可以追溯到被人们誉为现代科学之父的弗朗西斯·培根。他说过,科学与发明创造带来的不只是"对自然进程的温和指导,更能够战胜并征服自然,甚至撼动她的根基"。[1]

罗伯特·波义尔是 17 世纪著名化学家,同时也是东印度公司高管。他一心想要去除土著民的大自然观。他抨击那些将自然视为

"神迹"的理念,并主张:"人们对自然的敬仰阻碍了人类对上帝创造的其他低等生物的统治。"[2]

培根和科学革命的领军人物们一手创建起来的新理念取代了地球孕育论,从而去除了开采自然的文化制约。哲学家、历史学家卡洛琳·麦茜特在书中写道:"一个人绝不会轻易弑母,只为挖出母亲内脏里的黄金,或是肆意斩断她的手脚。"[3]

大自然能教我们什么?

如今,全球化加剧了多重危机,我们对自然的定义必须从无机模式转变成生态模式。而在这一过程中,大自然才是最好的老师。

正因如此,我在纳韦丹亚农场创办了地球大学(又称种子学校,Bija Vidyapeeth)。

地球大学设有"地球民主(Earth Democracy)"课程,讲述每个物种都有生存发展的权利和自由。作为地球这个大家庭的成员,人类有责任认清、保护并且尊重其他物种的权利。地球民主是从"以人类为中心"到"以生态为中心"的转变。因为我们全都依赖于地球,地球民主将人类的权利转变成食物和水源,地球民主使人类免受饥渴的折磨。

地球大学坐落于纳韦丹亚的一家多物种农场,因此参与者能够与种子、土壤及生命之网亲密接触。参与者包括农民、中小学生,以及来自世界各地的人们。

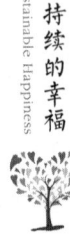

大森林的诗篇

在印度著名诗人、诺贝尔文学奖得主拉宾德拉纳特·泰戈尔的启发下,才有了今天的地球大学。

泰戈尔曾在印度西本戈尔建立了一所学习中心,作为森林学校,一边从大自然获取灵感,一边至力于印度文化复兴。

1921年,该学校正式成为一所大学,并逐步发展成印度最知名的学府之一。

如今,和泰戈尔所生活的时代一样,我们需要跟大自然和森林学习自由。

泰戈尔在《森林的宗教》(The Religion of the Forest)中描述了古印度森林原住民对印度古典文学的影响。森林是水之源泉,她是多样生物的宝库,她能教会我们民主——让我们在从共有的生命之网中汲取养分的同时,为其他物种留下空间。泰戈尔将自然界的统一性视为人类进化的最高阶段。[4]

泰戈尔还在文章《净修林》(Tapovan)中写道:"印度文明认为再生、原料和智慧之源都是在大森林里,而不是在城市……森林文化深受生命延展的不同过程的影响,这些生命在林间嬉戏玩耍,不同的物种,不同的季节,通过不同的视觉、听觉和嗅觉来感受。多物种共存的多元化民主原则也因此成了印度文明的原则。"[5]

在泰戈尔的作品中,森林不仅仅是知识与自由的源泉,也是美好与欢乐的源泉、艺术与美学的源泉、和谐和完美的源泉。她象征着宇宙。

在《森林的宗教》中，大诗人说道，我们的心境"指引我们尝试与宇宙建立联系，要么就征服，要么就统一。不是通过武力，就是通过慈悲心"。[6]

大森林教会我们团结和同情

森林也教我们学会知足：作为一个公平原则，如何享受大自然的馈赠，没有剥削和积累。泰戈尔引用了写关于森林的古代文本："知道这个不断变化的世界的每一步，并通过克己找到乐趣，而不是通过贪婪占有。"[7]

消费与积累的终结是快乐生活的开始。泰戈尔笔下贪婪与同情间的冲突、征服与合作间的冲突、暴力与和谐间的冲突，今天仍在继续。然而，大森林能够指引我们远离这些冲突。

野 雁

温德尔·贝瑞

星期天的清早，

结束了秋忙，

我们骑在马背上，

吃着柿子和野葡萄，

那是夏末的甘甜。

时间的迷宫洒在金秋的田野上，

我们一路向西，唤出每一个名字，

还有那些在墓碑下长眠的人的名字。

剥开一粒柿种儿，

找到胚里的那株树苗，

它苍白，却给人希望。

头顶一群野雁凌空掠过，蔽日遮天，

像沉浸在爱情或睡梦中般肆意翱翔，

却始终保持着航向，

古老的信念清晰无比：我们需要的就在这里。

我们祈祷,

不求新的大地,不求人间天堂,

但求双眸清澈,内心静谧。

我们需要的就在这里。[1]

结语

可持续的幸福能改变世界的十种方法

捷克 | 克鲁姆洛夫老城广场

我们每个人都希望得到幸福。然而，对于这个饱受战争、贫困和气候危机摧残的地球来说，可持续的幸福更是一味济世良药。

当我们选择可持续的幸福时……

1. 我们放下消费者身份，肩负起更多责任

我们不再用消费行为来衡量自我的价值，也不再去和伙伴们比较财产和成就的多少。如果我们是贫困或中产阶级，那么我们就摆脱了欠债与加班的恶性循环；如果我们是富人，那么我们摆脱的就是负债与过剩的恶性循环。我们的思想和心灵得以释放，自然就能发觉我们是生活在这个脆弱星球上如此卓尔不凡的生命。

2. 我们将时间用在有意义的人和事上

为了那些浮名与虚誉，人们耗尽时光去购买、保养、修理、储存和使用许许多多的物品。研究表明，通过维护有意义的人际关系、为社区乃至社会做贡献，以及向他人的付出表达感恩之情，我们更有可能为我们自己、我们爱的人和全世界构建真正的幸福。

3. 我们变得更加自由、更有力量

当我们不再有债务缠身时，当我们不再让广告商来定义我们时，当我们肩负起公民的权利并相互协作时，我们变得自由且更有力量。我们不再是旁人游戏里的棋子，我们成为历史的主人。和家

人、邻居、同胞们一起,我们可以缔造一个不只为 1% 的人服务,更是为所有人服务的社会。

4. 我们不再助长血汗工厂和损害环境的企业

企业之所以会维持劳工的低工资并在劳动条件方面降低成本,一方面是企业要追求利润,而另一方面则是人们对廉价商品有消费需求。当我们在消费行为上做出转变,买得更少、买得有责任感时,我们就能摆脱这种不良经济。

5. 让我们为可持续发展的经济能够落地生根出一份力

当我们选择购买高质量、本地制造且公平交易的商品时,我们是在支持一种能使每个人都能体面生活的经济。可持续发展的经济基于本土的经济,与本地居民休戚相关,能够创造更优质且薪资较优厚的工作机会,并将社会资源留在本地。

6. 我们为财富更公平的分配而努力

减少不平等就能够减少贫困、犯罪、疾病与隔阂。在更加公平的社会里,人们更加团结,彼此更加信任。没有阶级之分,我们的生活不分有三六九等,人人都能从强大的社会中受益,谁也不会被落下。

7. 我们守护生命之网

尽管我们今天要过活，但还会有明天啊。减少提炼石化燃料、减少砍伐森林、减少开采矿山，能够还我们更健康的海洋、更清洁的空气和水源、更少依赖工业食品系统——还我们一个更加幸福的地球。生活欣欣向荣，我们无论是感情上、精神上还是身体上都能健壮成长。当我们不再将自己从自然界中分离，我们便会不再肆意摧残那些供养着我们的生灵了。那时，我们就能感受到生气与活力，并敬畏这个生机盎然的星球。

8. 我们巩固睦邻及社区关系

当我们渐渐长大成人，我们为自己自制、购买、交换并和邻居们分享更多的东西，我们是在鼓励亲仁善邻。除此以外，如果经济条件允许，我们可以少工作一些，把省下来的时间用在家里，用来坐下交谈与倾听。

9. 我们减少伤害、支持疗愈

我们不再谴责并惩罚那些饱受战火、虐待与贫困摧残的人们，而是想办法去消融诸多社会痼疾所带来的苦与痛。掌握了正念与舍心，我们就可以帮自己和他人渡过难关。当我们用疗愈取代惩罚时，我们的天赋得以发挥，我们成了至爱社区里有生产力与创造力的一员。

10. 我们每个人都有可贵且独特的天赋

我们释放活力与激情、发挥智慧与创造力，我们的贡献受到他人的尊重。无论我们的工作是否有助于经济增长，我们都是在做一份适合我们天赋和激情的工作。当我们受到的束缚越少，从漫不经心的工作中醒悟过来时，我们将更加确定自己的使命。

可持续的幸福会蔓延。无论是在家中或是工作场所播下它的种子，你会发现它的影响力绵延不绝，激起一波波意想不到的涟漪——愉悦之情、改革与创新的迸发——能实现一个更加公正并且能持续发展的世界。

（欲了解更多相关观点与实践行动，请访问 www.yesmagazine.org/happinessbook.）

注释：

简介　我们是怎样遗失了真正的幸福？又该去哪里找回它？

[1] Kline Hunnicut, Benjamin. "The End of Shorter Hours." *Labor History* (Summer 1984). pp.373–404. http://www.uiowa.edu/~lsa/bkh/lla/eosh.htm.

[2] Gore, Al. *The Future: Six Drivers of Global Change.* New York: Random House, 2013. 158. http://goo.gl/Gi51Nc.

[3] Committee on Recent Economic Changes of the President's Conference on Unemployment, Recent Economic Changes in the United States (National Bureau of Economic Research, 1929).

[4] Gore, Al. *The Future: Six Drivers of Global Change.* New York: Random House, 2013. 158. http://goo.gl/Gi51Nc.

[5] Perry, Mark. "Today's new homes are 1,000 square feet larger than in 1973, and the living space per person has doubled over the last 40 years." *Carpe Diem* (June 6, 2014). http://www.aeiideas.org/2014/02/todaysnewhomesare1000squarefeetlargerthanin1973andthelivingspace-perpersonhasdoubledoverlast40years.http://www.aeiideas.org/2014/02/todaysnewhomesare1000squarefeetlargerthanin1973andthelivingspace-perpersonhasdoubledoverlast40years.

[6] "Advertising to Children and Teens: *Current Practices.*" Common Sense Media (Spring 2013). https://www.commonsensemedia.

org/research/advertisingtochildrenandteenscurrentpractices.

[7] Stelter, Brian. "8 Hours a Day Spent on Screens, Study Finds." *New York Times,* March 29, 2009. http://www.nytimes.com/2009/03/27/business/media/27adco.html.

[8] Gerbner, G., Gross, L., Morgan, M., Signorielli, N., & Shanahan, J. (2002). In J. Bryant & D. Zillmann (Eds.), Media effects: Advances in theory and research (2nd ed., pp. 43–67). Mahwah, N J: Lawrence Erlbaum Associates, Inc.

[9] Pimm, Stuart et al. "The Biodiversity of Species and Their Rates of Extinction, Distribution, and Protection." *Science,* 344 (2014). doi: 10.1126/science.1246752.

[10] Kubiszewski, Ida et al. "Beyond GDP: Measuring and Achieving Global Genuine Progress." *Ecological Economics* (April 2013).

[11] Gilens, Martin and Benjamin Page, "Testing Theories of American Politics: Elites, Interest Groups, and Average Citizens," *Perspectives on Politics,* April 2013. http://www.princeton.edu/~mgilens/Gilens%20homepage%20materials/Gilens%20and%20Page/Gilens%20and%20Page%202014-Testing%20Theories%203-7-14.pdf.

[12] Reno, Jamie. "Nearly 30% of Vets Treated by V. A. Have PTSD." *The Daily Beast,* October 21, 2012. http://www.thedailybeast.com/articles/2012/10/21/nearly-30-of-vets-treated-by-v-a-have-ptsd.html.

[13] Price, Jennifer. "When a Child's Parent has PTSD." U.S. Department of Veterans Affairs. http://www.ptsd.va.gov/professional/treatment/children/pro_child_parent_ptsd.asp.

[14] Kilpatrick, Dean G. "The Mental Health Impact of Rape." National Violence Against Women Prevention Research Center, Medical University of South Carolina. http://www.soc.iastate.edu/sapp/rape1.pdf.

[15] "Child Maltreatment 2012," U.S. Department of Health & Human Services. http://www.acf.hhs.gov/sites/default/files/cb/cm2012.pdf.

[16] Williams, Monica. "Can Racism Cause PTSD? Implications for DSM-5." *Psychology Today* (May 20, 2013). http://www.psychologytoday.com/blog/culturally-speaking/201305/can-racism-cause-ptsd-implications-dsm-5.

[17] Sanders, Robert. "Researchers find out why some stress is good for you." *UC Berkeley News Center* (April 16, 2013). https://newscenter.berkeley.edu/2013/04/16/researchers-find-out-why-some-stress-is-good-for-you/.

[18] Marmot. M. G. et al. "Inequalities in death—specific explanations of a general pattern? Mortality decline and widening social inequalities." Lancet (1984): pp.1003–06.

[19] Anderson, Cameron, Michael W. Kraus, and Dacher Keltner. "The local-ladder effort: social status and subjective well-being." (2011). http://www.irle.berkeley.edu/workingpapers/110-11.pdf.

[20] Kennelly, Stacey. "Happiness Comes From Respect, Not Riches." *YES! Magazine* (August 3, 2012). http://www.yesmagazine.org/happiness/happiness-comes-from-respect-not-riches.

[21] Kasser, Tim. "Making a Difference Makes You Happy." *YES! Magazine* (May 5, 2010). http://www.yesmagazine.org/happiness/making-a-difference-makes-you-happy.

[22] Novotney, Amy. "Getting back to the great outdoors." *Monitor on Psychology* 39 (2008): 52. http://www.apa.org/monitor/2008/03/outdoors.aspx.

[23] "Exercise is Medicine." American College of Sports Medicine. http://exerciseismedicine.org/documents/EIMFactSheet2012_all.pdf.

[24] Dunn A. L. 1, Trivedi M. H., Kampert J. B., Clark, C. G.,

Chambliss, H. O. "Exercise treatment for depression: efficacy and dose response." *American Journal of Preventive Medicine*, January 2005 Vol. 28, Issue 1, p1–8 http://http://www.ajpmonline.org/article/S0749-3797(04)00241-7/fulltext

[25] Frankl, Victor E. Man's Search for Meaning. Boston: Beacon Press, 1959.

[26] Ruttenberg, Tara. "Wellbeing Economics and Buen Vivir: Development Alternatives for Inclusive Human Security." *PRAXIS: The Fletcher Journal of Human Security XXVVIII* (2013). http://fletcher.tufts.edu/Praxis/~/media/Fletcher/Microsites/praxis/xxviii/article4_Ruttenberg_BuenVivir.pdf.

[27] de Graaf, John and Laura Musikanski. "The Pursuit of Happiness." *Earth Island Journal.* http://www.earthisland.org/journal/index.php/eij/article/the_pursuit_of_happiness.

[28] "Gross National Happiness and Development" The Centre of Bhutan Studies (2004). http://www.bhutanstudies.org.bt/publicationFiles/ConferenceProceedings/GNHandDevelopment/GNH-I-1.pdf.

[29] "Adopting Resolution on Multilingualism, General Assembly Emphasizes Importance of Equality Among Six Official United Nations Languages." *United Nations.* July 19, 2011. http://www.un.org/News/Press/docs/2011/ga11116.doc.htm.

第一部分　我们对真正的幸福了解多少？

简介

[1] Russell, Bertrand. *Principles of Social Reconstruction*. London: George Allen & Unwin Ltd., 1917.

第1章 简生活运动史

[1] Saad, Linda. "U.S. Workers Least Happy With Their Work Stress and Pay." *Gallup,* November 12, 2012. http://www.gallup.com/poll/158723/workersleasthappyworkstresspay.aspx.

[2] Kahneman, Daniel and Angus Deaton. "High income improves evaluation of life but not emotional wellbeing." *Proceedings of the National Academy of Sciences,* August 2010. http://www.pnas.org/content/early/2010/08/27/1011492107.abstract.

[3] Sahlins, Marshall. *Stone-Age Economics.* New Jersey: Transaction Publishers, 1974.

[4] Matthew 13:22.

[5] Shi, David. *The Simple Life: Plain Living and High Thinking in American Culture.* New York: Oxford University Press, 1985.

[6] Thoreau, Henry David. *Walden and Civil Disobedience.* New York: Penguin, 1986.

第2章 科学证实的幸福十法则

[1] Lyubomirsky, Sonja. *The How of Happiness: A Scientific Approach to Getting the Life You Want.* New York: Penguin Press, 2008.

[2] Kohn, Alfie. "In Pursuit of Affluence, at a High Price." *New York Times,* February 2, 1999. http://www.alfiekohn.org/managing/ipoa.htm.

[3] Diener, Ed and Robert BiswasDiener. *Happiness: Unlocking the Mys- teries of Psychological Wealth.* Oxford: Blackwell Publishing Limited, 2008.

[4] BenShahar, Tal. *Happier: Learn the Secrets to Daily Joy and Lasting Fulfillment.* New York: McGrawHill, 2007.

[5] Diener, Ed and Robert BiswasDiener. Happiness: *Unlocking*

the *Mys- teries of Psychological Wealth*. Oxford: Blackwell Publishing Limited, 2008.

[6] Emmons, Robert. Thanks! *How the New Science of Gratitude Can Make You Happier*. Boston: Houghton Mifflin Company, 2007.

[7] Dunn, Elizabeth and Michael Norton. *Happy Money: The Science of Smarter Spending*. New York: Simon & Schuster, 2014.

第 3 章 谁花钱买便宜货?

[1] Claudio, Luz. "Waste Couture: Environmental Impact of the Clothing Industry." *Environmental Health Perspectives 115* (September 2007): A449–A454. http://www.ncbi.nlm.nih.gov/pmc/articles/PMC1964887.

[2] Leonard, Annie. *The Story of Stuff*. New York: Free Press, 2011.

[3] Lacey, Marc. "Across Globe, Empty Bellies Bring Rising Anger." *New York Times,* April 18, 2008. http://nyti.ms/1hKgkBc.

[4] Hanauer, Nick and Eric Liu. *The Gardens of Democracy: A New American Story of Citizenship, the Economy, and the Role of Government*. Seattle: Sasquatch Books, 2011.

第 4 章 为什么在公平的社会里每个人都更幸福?

[1] Pickett, Kate and Richard Wilkinson. *The Spirit Level: Why Greater Equality Makes Societies Stronger*. New York: Bloomsbury Books, 2009.

第 5 章 合作与分享是我们的天性

[1] Darwin, Charles. *The Descent of Man, and Selection in Relation to Sex*. London: John Murray, 1871.

[2] Tomasello, Michael et al. "Two Key Steps in the Evolution

of Human Cooperation: The Interdependence Hypothesis," *Current Anthropology*, 53 (2012): 673–686.

[3] Hamann, Katharina et al. "Collaboration Encourages Equal Sharing in Children But Not in Chimpanzees." *Nature* 476 (August 18, 2011): 328–331.

第二部分　幸福实践篇——如何获得幸福？

简 介

[1] Frankl, Viktor E. *Mars' Search for Meaning.* Boston: Beacon Press, 1959.

第 9 章　戒瘾，重拾亲密关系

[1] "Pornography Statistics," Covenant Eyes, http://www.discernemen.com/fichs/10141.pdf (accessed June 5, 2014).

[2] "Pornography Statistics," Family Safe Media, http://familysafemedia.com/pornography_statistics.html#anchor7 (accessed June 5, 2014).

[3] "Erectile Dysfunction and Porn (Part 1)," Your Brain on Porn. http://yourbrainonporn.com/erectiledysfunctionpornpart1(accessed June 5, 2014).

[4] Rohr, Richard. *On the Threshold of Transformation: Daily Meditations for Men.* Chicago: Loyola Press, 2010.

第 10 章　抛开烦恼，找一份你热爱的工作

[1] Saad, Linda. "U.S. Workers Least Happy With Their Work Stress and Pay." *Gallup,* November 12, 2012. http://www.gallup.com/

poll/158723.

[2] YouTube. "Barry Schwartz: The paradox of choice." Accessed June 9, 2014. http://youtu.be/VO6XEQIsCoM.

[3] Kahneman, Daniel. *Thinking, Fast and Slow.* New York: Farrar, Straus, and Giroux, 2013.

[4] Williams, John. *Screw Work, Let's Play: How to Do What You Love and Get Paid for It.* Upper Saddle River, NJ: FT Press, 2011.

[5] Cooper, Cary and Stephen Wood. "Happiness at work: why it counts." *The Guardian,* July 15, 2011. http://www.theguardian.com/money/2011/jul/15/happinessworkwhycounts.

[6] Gardner, Howard. *Good Work.* New York: Basic Books, 2002.

[7] Drayton, Bill. "Everyone's a Changemaker: Social Entrepreneurship's Ultimate Goal" *Innovations* (2006). https://www.ashoka.org/files/innovations8.5 x11FINAL_0.pdf.

[8] 'Dream job or career nightmare?" OPP, 2007. http://www.opp.com.

第 12 章 与爱的人共享美食

[1] GarciaPrats, Cathy. Good Families Don't Just Happen: What We Learned from Raising Our Ten Sons and How It Can Work for You. Adams Media Corporation, 1997.

[2] "2011/12 National Survey of Children's Health." National Center for Health Statistics, 2012. http://www.childhealthdata.org/browse/survey/results?q=2290&r=1.

[3] "The Importance of Family Dinners V." CASA Columbia, September 2009. http://www.casacolumbia.org/addictionresearch/reports/importanceoffamilydinners2009.

[4] Obama, Barack. "Presidential Proclamation—Family Day."

The White House, 2010. http://www.whitehouse.gov/thepress-office/2010/09/27/presidentialproclamationfamilyday.

[5] "2010 family dinners report finds: Teens who have infrequent family dinners likelier to expect to use drugs in the future." CASA Columbia, September 2010. http://www.casacolumbia.org/newsroom/pressreleases/2010familydinnersreportfinds.

[6] Story, Mary and Dianne NeumarkSztainer, "A Perspective on Family Meals: Do They Matter?" Nutrition Today 40 (November 2005): 261–266.

[7] Joseph Durlak et al. "The Impact of Enhancing Students' Social and Emotional Learning: A MetaAnalysis of SchoolBased Universal Interventions." Child Development 82 (January 2011): 405–432.

第13章 选择感恩

[1] Carter, Christine. "Habits are Everything." Greater Good Science Center, April 16, 2012. http://greatergood.berkeley.edu/raising_happiness/post/habits1 (accessed June 4, 2014).

[2] Marsh, Jason. "The Grateful Dead." Greater Good Science Center, October 11, 2011. http://greatergood.berkeley.edu/article/item/the_grateful_dead (accessed June 4, 2011).

[3] Marsh, Jason and Robb Willer. "Why Lent Makes People Happy (and Netflix Doesn't)." Greater Good Science Center, March 21, 2013. http://greatergood.berkeley.edu/article/item/why_lent_makes_people_happy_and_netflix_doesnt (accessed June 4, 2014).

[4] Kennelly, Stacey. "10 Steps to Savoring the Good Things in Life." Greater Good Science Center, July 23, 2012. http://greatergood.berkeley.edu/article/item/10_steps_to_savoring_the_good_things_in_life (accessed June 4, 2014).

[5] Nauman, Emily. "Do Rituals Help Us to Savor Food?" Greater Good Science Center, August 7, 2013. http://greatergood.berkeley.edu/article/item/do_rituals_help_us_to_savor_food (accessed June 4, 2014).

[6] Kennelly, Stacey. "10 Steps to Savoring the Good Things in Life." Greater Good Science Center, July 23, 2012. http://greatergood.berkeley.edu/article/item/10_steps_to_savoring_the_good_things_in_life (accessed June 4, 2014).

[7] Nauman, Emily. "Do Rituals Help Us to Savor Food?" Greater Good Science Center, August 7, 2013. http://greatergood.berkeley.edu/article/item/do_rituals_help_us_to_savor_food (accessed June 4, 2014).

第三部分　可持续幸福与充满爱的社区

简　介

[1] King, Martin Luther, Jr. "Facing the Challenge of a New Age." First Annual Institute on Nonviolence and Social Change, Montgomery, Alabama, December 3, 1956.

第13章　治愈而非惩罚

[1] "Data Snapshot: School Discipline." Office for Civil Rights, March 2014. http://www2.ed.gov/about/offices/list/ocr/docs/crdc-discipline-snapshot.pdf.

第17章　如何设计令你幸福的街区

[1] "CNU," Congress for the New Urbanism. http://www.cnu.org (accessed June 4, 2014).

[2] Chapin, Ross. *Pocket Neighborhoods: Creating Small-Scale*

Community in a Large-Scale World. Newtown, CT: Taunton Press, 2011.

第 18 章　爱心接力餐厅的感恩课

[1] Wolff, Kurt H. The Sociology of Georg Simmel. "Faithfulness and Gratitude." Free Press, 1950.

第 19 章　大森林教会我幸福的全部

[1] Spedding, J. et al. (eds.) The Works of Francis Bacon (Reprinted). Stuttgart: F.F. Verlag, 1963, Vol. V, p. 506.

[2] Boyle, Robert. A Free Inquiry into the Vulgarly Received Notion of Nature; Made in an Essay, Address'd to a Friend. London, 1686.

[3] Marchant, Carolyn. *The Death of Nature: Women, Ecology, and the Scientific Revolution.* San Francisco: Harper & Row, 1980.

[4] Tagore, Rabindranath. "The Religion of the Forest," Creative Unity. New Delhi, Rupa & Co., 2002.

[5] Tagore, Rabindranath. Tapovan (Hindi), Tikamgarh: Gandhi Bhavan, pp. 1–2.

[6] Tagore, "The Religion of the Forest," pp. 45–46.

[7] Tagore, "The Religion of the Forest," pp. 45–46.

野　雁

[1] Copyright 2012 by Wendell Berry from New Selected Poems. Reprinted by permission of Counterpoint.

供 稿 人：

本书各章节的文章取自 YES! 杂志。自1996年创刊，YES! 杂志一直致力于用实际行动来推动一场深刻的社会变革。YES! 纸版杂志和线上杂志通过真实的故事与深刻的分析，向读者们展示一条前行的道路。YES! 杂志为非盈利且无广告的出版物，总部临近华盛顿州西雅图市。请访问 www.yesmagazine.org/happinessbook 查看更多有关可持续的幸福的资讯。

书中选取了下述作者的作品：

杰圆·安琪儿
  作家、时事评论家、纸杯蛋糕烘焙师。

温德尔·贝瑞
  诗人、散文家、小说家。

彼得·布洛克
  咨询师、演说家、《完美咨询》（*Flawless Consulting, Stewardship, The Answer to How Is Yes, and Community: The Structure of Belonging*）作者。

帕娜妮·博格斯

禅师、诗人、夏威夷本土文化翻译，YES! 杂志出版商积极未来网络（Positive Futures Network）的董事会成员。

萝丝·查平

建筑师，《迷你社区：在大规模的世界创建小规模的社区》（Pocket Neighborhoods: Creating Small-Scale Community in a Large-Scale World）作者。

法尼雅·戴维斯

奥克兰青少年恢复性司法机构联合创办人兼常务董事，同时她还是国际十三土著祖母咨询组织（the International Council of Thirteen Indigenous Grandmothers）的法律顾问。

凯瑟琳·古斯塔夫森

自由撰稿人、记者、非营利组织编辑。

尚侬·哈耶斯

YES! 杂志博客撰稿人、《激进的主妇》（Radical Homemakers: Reclaiming Domesticity from a Consumer Culture）等书作者。现在一家三代在纽约州西富尔乐务农。

布鲁克·贾维斯

作家、自由撰稿人。曾是 YES! 杂志社在职编辑，现为特约编辑。

埃里克·迈克尔·约翰逊

科普作家、《科学美国人》杂志博客"灵长动物日记"创办人,现在是英属哥伦比亚大学科学史专业在读博士生。

艾丽卡·寇思娜

自由撰稿人、编辑、沟通顾问。现供职于加利福尼亚州内华达市。

罗曼·卡纳里克

澳大利亚文化思想家,伦敦人生学校(The School of Life)创办讲师,《我们应当如何生活》(*How Should We Live? Great Ideas from the Past for Everyday Life*)《如何找到满意的工作》(*How to Find Fulfilling Work*)及《同理心优势》(*Empathy: Why It Matters, and How to Get It*)等书作者。

安妮·里奥纳德

绿色和平组织常务理事、作家、YES! 杂志特约编辑、"东西的故事"系列短片创始人。

丹·马赫

惠德贝研究院(the Whidbey Institute)的项目协调员,该机构致力于推进"觉醒运动"(Generation Waking Up)。同时,他还是"全心全意的男性"(wholeheartedmasculine.org)博客创办人。

约翰·麦肯奈特

美国西北大学资产为本社区发展机构（the AssetBased Community Development Institute）联合主任。他还是《无忧无虑的社会》(*The Careless Society*)的作者、《富足的社会》(*The Abundant Community: Awakening the Power of Families and Neighborhoods*)的联合作者。

帕维特拉·梅赫达

美国电影制片人、《无限的愿景》(*Infinite Vision: How Aravind Became the World's Greatest Business Case for Compassion*)联合作者，还是ServiceSpace（www.servicespace.org）和DailyGood的幕后工作者。

马修·李卡德

藏传佛教僧侣、《快乐学》(*Happiness: A Guide to Developing Life's Most Important Skill*)等七本书的作者，他还是心智与生命研究院（the Mind and Life Institute）的积极成员。现居尼泊尔雪谦寺。

范达娜·席瓦

世界知名环保学家，已出版20余本著作。她同时也是YES!杂志特约编辑。

供稿人

杰里米·亚当·史密斯

《奶爸当班》(The Daddy Shift)的作者、Shareable.net 创刊编辑、加利福尼亚大学伯克利分校的至善科学中心的线上杂志《至善》(http://greatergood.berkeley.edu)的网络编辑。

莎拉·范·吉尔德

作家、演说家、编辑、YES! 杂志联合创刊人。莎拉编辑了有关占领运动的第一部著作——《它改变了一切》(This Changes Everything: Occupy Wall Street and the 99%)。

杰伊·沃贾斯博

《我们共享的一切》(All That We Share: A Field Guide to the Commons)和《好邻居手册》(The Great Neighborhood Book)的作者,平民运动策略中心(On the Commons)编辑、YES! 杂志特约编辑。

理查德·威尔金森

流行病学专家、《社会水平尺》(The Spirit Level: Why More Equal Societies Almost Always Do Better)联合作者。

安卡亚·温德任德

洛克伍德领导力研究院(Rockwood Leadership Institute)院长。安卡亚经常带领团队在全球各地演讲。

书 评：

《可持续的幸福》深入浅出，且实用性强，读者能从中学会如何让自己和所在社区更加美好的方法。

——美国公共媒体《市场早报》主持人、电影《修正未来》联合制片人，大卫·布兰卡乔（David Brancaccio）

这是一本让我欢喜让我忧的作品。它让我意识到我们在不知不觉中，早已偏离了幸福的航向；幸好，它也汇聚了许多睿智的建议，引导我们回归真正的满足。

——《领导力与新科学》作者，玛格丽特·J. 维特利（Margaret J. Wheatley）

这些故事将"可持续的幸福"娓娓道来。试一试，幸福远比你想象的简单。

——作家、公众利益倡导者，拉尔夫·纳德（Ralph Nader）

人生就是在时有困难的世界中兼顾各方。这本发人深省的故事集，网罗了一系列有益见解，告诉我们到底该要什么，提醒我们快乐触手可及。

——大厨、《摩斯伍德食谱》作者，莫莉·卡特森（Mollie Katzen）

《可持续的幸福》所收录的文章意味深远,它能帮助我们提高生活质量,我由衷推荐此书。

——作家、幸福同盟创始人,约翰·德·杰拉夫(John de Graaf)

当你在这个繁杂的世界中寻觅通往幸福的路时,《可持续的幸福》会为你"追寻幸福与快乐"之旅带来灵感。读一读这本书,好好品味其中的智慧,它能滋养你的灵魂。

——教育学家、《让你的人生说话》及《隐藏的整体》作者,帕克尔·J. 帕尔默(Parker J. Palmer)

我们倾尽所有那些本能使我们的人生有意义的东西,去买回了许许多多有关幸福的商品。《可持续的幸福》告诉我们,生活中的每分每秒都有价值。读完这本书,你一定会感到快乐。

——畅销书作者,维基·罗宾(Vicki Robin)

终于有一本"追寻幸福"的书不再管窥蠡测,而是纵观全局。它真挚诚恳,又富于挑战。绝对是一本顶级作者与作品的大集锦!

——行动与观默中心创始人,方济会理查·罗尔神父(Richard Rohr)

幸福运动当下需要的是可行性案例为未来引路,这未来并不单单是"我的"而是"我们的"。《可持续的幸福》是第一本完成这一使命的作品。

——作家、幸福同盟执行董事，劳拉·慕西坎斯基（Laura Musikanski）

《可持续的幸福》是一封儒雅的邀请函，它邀我们去一处不被日常琐事羁绊而无法前行的地方，它请我们回归人性深处。大爱！

——作家、小型房屋建造者（波特兰另类民居公司联合创始人），迪伊·威廉姆斯（Dee William）

《可持续的幸福》中的智慧植根于 YES! 杂志社一贯秉承的创刊初衷——颂扬那些大无畏的普通人典范，他们深知这一切迫在眉睫，却又有着无比的耐心。

——作家、教育学家，马杜·苏里·帕喀什（Madhu Suri Prakash）

《可持续的幸福》开辟了一条从极度物质发展模式转向新世界的道路，那里有真正的繁荣与真实的幸福。一本了不起的好书！

——畅销书《一个经济刺客的自白》作者，约翰·珀金斯（John Perkins）

现代社会不断蛊惑"人类"变身"消费者"。用心发掘《可持续的幸福》。加入这场认知的革命，你的幸福就靠它了。

——音乐人、作曲家、激进主义活动家，马卡拉（Makana）

图书在版编目（CIP）数据

可持续的幸福：简朴生活，活出精彩/（美）吉尔德等编著；王漪虹译. --北京：华夏出版社，2016.6
书名原文：SUSTAINABLE HAPPINESS
ISBN 978-7-5080-8815-0

Ⅰ. ①可⋯　Ⅱ. ①吉⋯ ②王⋯　Ⅲ. ①幸福－通俗读物　Ⅳ. ①B82-49

中国版本图书馆 CIP 数据核字(2016)第 101580 号

Copyright © 2014 by YES!Magazine
Copyright licensed by Berrett-Koehler Publishers
Arranged with Andrew Nurnberg Associaters International Limited

版权所有，翻印必究。
北京市版权局著作权合同登记号：图字 01-2015-3241 号

可持续的幸福：简朴生活，活出精彩

作　　者	［美］莎拉・范・吉尔德 等
译　　者	王漪虹
责任编辑	梅　子
出版发行	华夏出版社
经　　销	新华书店
印　　装	三河市少明印务有限公司
版　　次	2016 年 6 月北京第 1 版 2016 年 9 月北京第 1 次印刷
开　　本	880×1230　1/32 开
印　　张	5
字　　数	80 千字
定　　价	28.00 元

华夏出版社　地址：北京市东直外香河园北里 4 号　邮编：100028
网址：www.hxph.com.cn　电话：(010)64663331（转）
若发现本版图书有印装质量问题，请与我社营销中心联系调换。